Tucholsky Wagner Zola Scott Sydow Freud Schlegel
Turgenev Wallace Fonatne
Twain Walther von der Vogelweide Fouqué Friedrich II. von Preußen
Weber Freiligrath Frey
Fechner Fichte Weiße Rose von Fallersleben Kant Ernst Richthofen Frommel
Engels Fielding Hölderlin
Fehrs Faber Flaubert Eichendorff Tacitus Dumas
Feuerbach Maximilian I. von Habsburg Fock Eliasberg Zweig Ebner Eschenbach
Ewald Eliot Vergil
Goethe Elisabeth von Österreich London
Mendelssohn Balzac Shakespeare Dostojewski Ganghofer
Trackl Stevenson Lichtenberg Rathenau Doyle Gjellerup
Mommsen Thoma Tolstoi Hambruch
Lenz Hanrieder Droste-Hülshoff
Dach Verne von Arnim Hägele Hauff Humboldt
Reuter Rousseau Hagen Hauptmann Gautier
Karrillon Garschin Defoe Hebbel Baudelaire
Damaschke Descartes Hegel Kussmaul Herder
Wolfram von Eschenbach Dickens Schopenhauer Rilke George
Bronner Darwin Melville Grimm Jerome Bebel
Campe Horváth Aristoteles Voltaire Federer Proust
Bismarck Vigny Barlach Voltaire Heine Herodot
Gengenbach Tersteegen Grillparzer Georgy
Storm Casanova Lessing Langbein Gilm Gryphius
Chamberlain Lafontaine
Brentano Claudius Schiller Kralik Iffland Sokrates
Strachwitz Bellamy Schilling
Katharina II. von Rußland Gerstäcker Raabe Gibbon Tschechow
Löns Hesse Hoffmann Gogol Wilde Gleim Vulpius
Luther Heym Hofmannsthal Klee Hölty Morgenstern Goedicke
Roth Heyse Klopstock Kleist
Luxemburg La Roche Puschkin Homer Mörike
Machiavelli Horaz Musil
Navarra Aurel Musset Kierkegaard Kraft Kraus
Nestroy Marie de France Lamprecht Kind Kirchhoff Hugo Moltke
Nietzsche Nansen Laotse Ipsen Liebknecht
Marx Lassalle Gorki Klett Ringelnatz
von Ossietzky May vom Stein Lawrence Leibniz Irving
Petalozzi Platon Pückler Michelangelo Knigge Kafka
Sachs Poe Liebermann Kock Korolenko
de Sade Praetorius Mistral Zetkin

Dit boek is onderdeel van de **TREDITION CLASSICS** serie. De makers van deze serie zijn verbonden door hun passie voor literatuur en gedreven met de bedoeling om alle publieke domein boeken weer gedrukte vorm beschikbaar te maken - wereldwijd.

De meeste geprinte **TREDITION CLASSICS** titels zijn al decennia verdwenen uit de boekenkasten. Bij tredition geloven wij dat een goed boek nooit uit de mode is en dat zijn waarde voor eeuwig is. Deze boeken serie helpt bij het behouden van de literatuur schatten. Het draagt bij in het behouden van prachtige wereldliteratuur werken.

Johannes Gutenberg, de uitvinder van Movable Type afdrukken (1400 – 1468) is het symbolische figuur van deze serie die enkele tienduizenden titels bevat.

Alle titels van deze serie **TREDITION CLASSICS** zijn beschikbaar als paperback en hardcover. Voor meer informatie over deze unieke serie en over tredition willen we u verwijzen naar: www.tredition.com

tredition is opgericht in 2006 door Sandra Latusseck & Soenke Schulz. Met kantoor in Hamburg Duitsland, tredition bied auteurs, uitgeverijen oplossing voor publiceren gecombineerd met een wereld wijde distributie voor zowel het gedrukte boek als het digitale boek. tredition heeft de unieke positie om auteurs en uitgeverijen boeken te laten creëren op hun eigen voorwaarden en zonder de conventionele productie risico's.

Zoölogische Philosophie Of beschouwingen over de Natuurlijke Historie der dieren etc.

Jean Baptiste Pierre Antoine de Monet de Lamarck

Impressum

Dit boek maakt deel uit van TREDITION CLASSICS.

Auteur: Jean Baptiste Pierre Antoine de Monet de Lamarck
Cover design: toepferschumann, Berlijn (Duitsland)

Uitgever: tredition GmbH, Hamburg (Duitsland)
ISBN: 978-3-8495-4009-8

www.tredition.com
www.tredition.de

Copyright:
De inhoud van dit boek is afkomstig van het publieke domein.

De bedoeling van de TREDITION CLASSICS serie is om de wereldliteratuur beschikbaar te maken in gedrukte vorm via het publieke domein. Lieteraire liefhebbers en organisaties hebbe wereldwijd gescanned en digitaal de oorspronkelijke teksten bewerkt. tredition heeft vervolgens de inhoud geformatteerd en de inhoud opnieuw ontworpen in een moderne te lezen layout. Daarom kunnen wij niet garanderen dat de exacte reproductie van het originele formaat van een bepaalde historisch editie. Houd er dan ook rekening meet dat er geen wijzingen zijn aangebracht in de spelling, dus deze kan afwijken van de huidige spelling die vandaag te dag word gebruikt.

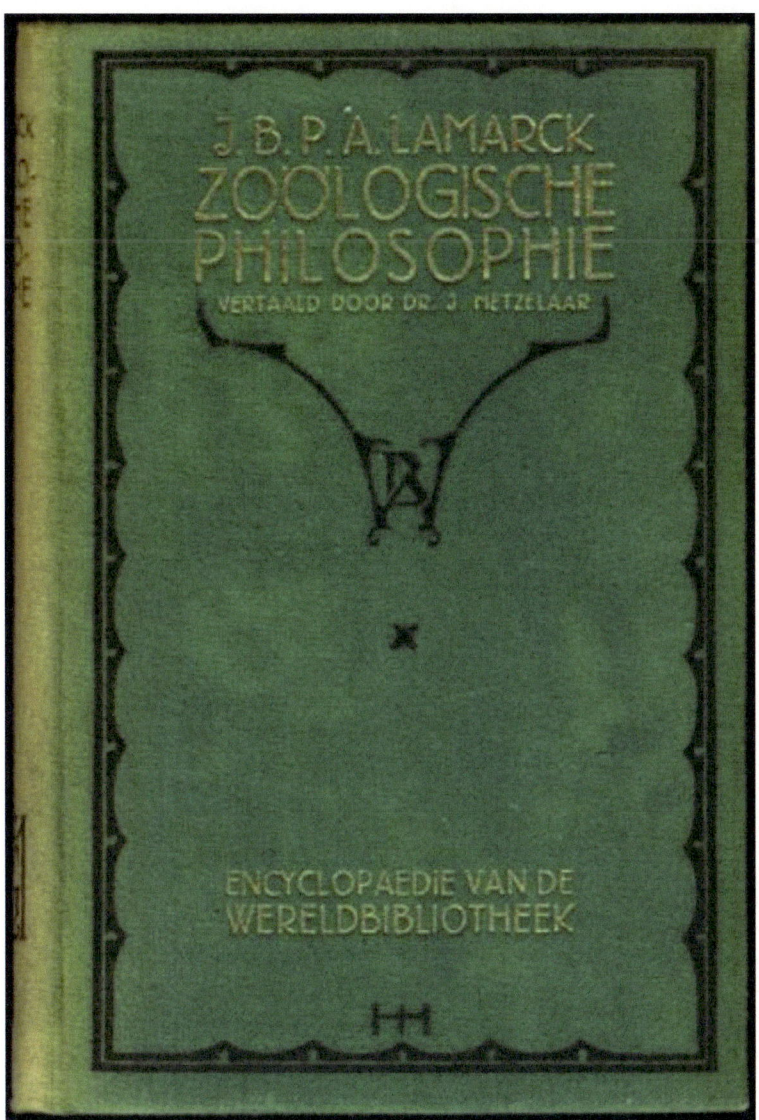

Lamarck
Zoölogische Philosophie

Wetenschap

Zoölogische Philosophie

Of beschouwingen over de Natuurlijke Historie der Dieren etc.
door
J. B. P. A. Lamarck.
vertaald door Dr. J. Metzelaar. Met een woord vooraf van Prof. Dr. C. Ph. Sluiter

Eerste Deel

La postérité vous admirera, elle vous vengera, mon pêre.
(Gedenkteeken voor Lamarck, Jardin des Plantes, Parijs.)

Uitgegeven door de Maatschappij voor Goede en Goedkoope Lectuur — Amsterdam
[IV]

Gedrukt ter drukkerij van de Wereldbibliotheek [V]

Voorwoord

Door Prof. Dr. C. Ph. Sluiter

Het ligt in den aard der bijzondere takken van wetenschap, dat het feitenmateriaal en de methoden van onderzoek van geslacht op geslacht worden overgenomen, maar dat de philosophische achtergrond, waarop de onderzoekers van toenmaals stonden, niet gekend, of tenminste vergeten wordt. Hierdoor wordt dikwijls onrecht aangedaan aan hun nagedachtenis, aan de waardeering van hun arbeid. Dit geldt zeker voor een aantal land- en tijdgenooten van LAMARCK, de z.g. materialistische philosophen uit den Revolutie-tijd, en zeker niet het minst voor LAMARCK.

Het heeft zijn eigenaardige moeilijkheden, om een man als LAMARCK naar waarde te schatten, meer dan een eeuw, nadat zijn belangrijkste werken: "Philosophie Zoologique" in 1809 en "Histoire naturelle des Animaux sans vertèbres" in 1815–1822 verschenen. In den veelbewogen tijd van zijn eigen leven werd zijn beteekenis voor de ontwikkeling der biologische wetenschap zoo goed als geheel miskend. Zijn "Philosophie Zoologique" werd doodgezwegen of hoogstens met spot begroet, en zelfs zijn geestverwanten en vrienden, zooals LATREILLE en GEOFFROY St. HILAIRE waardeerden in hem vooral den grooten vakgeleerde, zoodat laatstgenoemde hem zelfs als den "Franschen LINNAEUS" begroette, wat al zeer weinig de groote gaven van Lamarck weergeeft.

Van zijn talrijke geschriften hebben de meeste thans voor ons nog slechts historische waarde; niemand [VI]zal meer naar zijn chemische of physische verhandelingen grijpen, of zelfs naar zijn "Flore française" of naar zijn "Histoire naturelle des Animaux sans vertèbres" om zich over plant of dier op de hoogte te stellen. Maar... geldt datzelfde ook voor zijn "Philosophie Zoologique"? Mij dunkt van niet en zoo was het, naar ik meen, een goede gedachte de "Philosophie Zoologique" voor een grooteren kring in het hollandsch toegankelijk te maken. Onder de verschillende evolutietheorieën, die heden ten dage bij de biologen meer of minder instemming vinden, neemt nog altijd het lamarckisme, of "neolamarckisme", zooals het in zijn gewijzigden vorm heet, een belangrijke plaats in.

Doordat het zich aansluit aan het onmiddellijk waargenomene in de natuur, n.l. de aanpassing der dieren aan de uitwendige omstandigheden, is het voor velen de meest aanneembare, misschien de meest "menschelijke" voorstelling geworden, al is men zich zeer goed van de bezwaren bewust, die er tegen in gebracht kunnen worden.

Het is zeer gemakkelijk, de leer van LAMARCK belachlijk te maken, door enkele voorbeelden, uit hun verband gerukt, als typische specimina van zijn voorstellingen ten beste te geven. Maar leest men zijn eigen, oorspronkelijk werk zonder bevooroordeeling, dan is zeker spotternij het laatste, wat men bij zich zal voelen opkomen. Diepe ernst en volkomen overtuiging spreekt uit alles, wat hij schrijft. Het is waar, de taal is niet boeiend, bloemrijk of meeslepend, hij vervalt telkens in herhalingen, maar toch blijft men doorlezen en begrijpt meer en meer, dat aan de gewone voorstelling van het Lamarckisme in hand- en leerboeken een belangrijk iets ontbreekt, n.l. de wijsgeerige achtergrond, die aan al zijn beschouwingen een dieperen zin geeft. Weliswaar maakt zijn philosophische natuurbeschouwing op ons vaak een [VII]wat naïeven indruk; begrippen uit zijn tijd als de "fluida" zijn voorstellingen, waar wij tegenwoordig niet verder mee komen. Maar ook hierin hebben wij zijn wijze van denken te beoordeelen naar den tijd, waarin hij leefde, en dan ziet men, hoe hij telkens met een helderzienden blik en goed doordachte redeneering tot inzichten kwam, die niet veel afwijken van wat wij nu op hechteren grondslag omtrent de beteekenis van verschillende organen weten. Men denke bijv. aan zijn tegenstelling der groote- tegenover de overige hersenen, overeenkomende met onze tegenwoordige opvatting van Neencephalon en Palaeëncephalon (Edinger).

Evenwel, het bleven veelal geniale concepties, die slechts zelden door eigen onderzoek getracht werden bewaarheid te worden. Uitgaande van de grondgedachten was zijn systeem uiterst zorgvuldig en goedberedeneerd opgebouwd. Bleek echter de grondstelling onhoudbaar, dan zijn natuurlijk ook de verdere besluiten, waartoe hij komt, voor ons van geen belang. (Dit geldt bijna voor al zijn physische en chemische verhandelingen). Bij zijn biologischen gedachtengang volgt men echter ook thans nog LAMARCK met groote belangstelling, al zal er altijd wel een zekere twijfel blijven bestaan.

Maar... dit geldt voor alle evolutietheorieën, en of het daarom wenschelijk is, vooreerst ze maar alle te laten rusten, en alleen waarnemingen te verzamelen, moge ieder voor zich uitmaken. De meeste biologen zullen toch wel eenige voorliefde hebben voor een bepaalde richting en dan is het zeker goed in het origineel het werk van een geniaal man als LAMARCK te leeren kennen, die voorzeker de eerste ernstige en stellig niet de minst logisch denkende evolutionist was. [IX]

Voorrede van den Vertaler

Motto: "Peut-il y avoir, en histoire naturelle une considération plus importante, et à laquelle on doive donner plus d'attention que celle que je viens d'exposer?"
LAMARCK, *Phil. Zoöl. cap. VII, fin.*

an de PHILOSOPHIE ZOOLOGIQUE van Jean Baptiste de LAMARCK bestond nog steeds geen Hollandsche uitgave; en toch mag die in onzen tijd van oplevende belangstelling voor dezen classicus der afstammingsleer een behoefte heeten. Want van de toenemende waardeering voor zijne denkbeelden onder de zoölogen, met name de palaeozoölogen getuigen de verschillende richtingen der lamarckisten en neolamarckianen.

Voorzeker zijn de leidende gedachten van LAMARCK van blijvende waarde, ondanks de verouderde détails. En laten wij over deze laatste, al mogen zij ons thans ook zelfs wat wonderlijk voorkomen, niet te hard oordeelen, en bedenken, dat wij moderne biologen op de schouders van deze pioniers zijn opgeheven! Wijzen wij o.m. op de treffende onderscheiding tusschen organisatie- en aanpassingskenmerken in hoofdstuk V en VI.

Uiterst curieus zijn voor een zoöloog de "toevoegingen" aan het einde, waaruit hij met één slag het conflict begrijpt tusschen LAMARCK en een man als CUVIER. Maar zijn glimlach besterve bij de magistrale slotalinea!

Deze vertaling is gebaseerd op de oorspronkelijke editie van 1809 (Paris, Libraire Dentu). Aan de directie van het K. Z. G. Natura Artis Magistra onze [X]dank voor de vriendelijkheid, uit zijn bibliotheek dit zeldzame werk te hebben mogen leenen! — De herdruk bezorgd door Ch. Martins (Paris 1873) bevat, naast enkele emendaties, nogal wat kleine fouten; hierop schijnt ook de herdruk van 1907 alsmede de Duitsche bewerking van Prof. Arnold Lang te berusten, al welke uitgaven mij ter beschikking stonden, en waaruit slechts zelden, en dan met vermelding, geput is.

Van annoteeren is geheel afgezien. Hiervoor zij in de eerste plaats verwezen naar de "Geschichte des Lamarckismus" van Dr. Adolf WAGNER (Stuttgart 1909); voorts naar cap. VII–IX van F. KÜHNER,

"Lamarck, die Lehre vom Leben", Eug. Diederichs, Jena 1913.—Ten gerieve van den niet geheel deskundigen lezer is echter bij sommige al te sterk verouderde plaatsen een waarschuwend (†) geplaatst.

In de lijsten van het VIIIe hoofdstuk in het origineel komen de genera voor onder hun latijnsche of verfranschte, jazelfs onder de Fransche namen. Ik heb daarin meer eenheid gebracht door de wetenschappelijke nomenclatuur voorop te stellen en daaraan zooveel mogelijk het Hollandsche aequivalent toe te voegen.

De vertaling is een onverkorte, in die beteekenis, dat vrijwel geen enkele zin van den hoofdtext is weggelaten (Dit geldt niet voor de noten!). Wel heb ik mij veelal veroorloofd, de wijdloopige uitdrukkingswijze wat te bekorten: den stijl dus bondiger te maken waardoor het volumen tot op ongeveer 9/10 is terug-gebracht. Mogelijk, dat de lectuur hier en daar op den modernen lezer alsnog een eenigszins breedsprakigen indruk maakt door de vele herhalingen. Uit eerbied voor den peetvader der Biologie heb ik mij echter niet aan coupures willen bezondigen. Ook is er bij de woordkeuze rekening gehouden met het feit, dat wij hier een [XI]werk voor ons hebben van meer dan een eeuw oud.

En hiermee heb ik mijn bescheiden daad van piëteit verricht tegenover den zoo vereerden Meester.

Tot slot wil ik hier dank brengen aan hen, die mij bij de vertaling zijn behulpzaam geweest, en wel naast Professor Sluiter in de eerste plaats aan den heer Justus Meyer, Zandvoort.

Amsterdam, April 1921. Dr. J. METZELAAR [XIII]

Voorrede

e ondervinding, bij het onderwijs opgedaan, heeft mij doen gevoelen, hoezeer op het oogenblik een zoölogische philosophie, d.w.z. een geheel van voorschriften en beginselen der dierstudie— ook toepasselijk op andere deelen der natuurwetenschap—van pas zou zijn, aangezien onze zoölogische kennis sinds ongeveer 30 jaar aanmerkelijk is gevorderd.

Ik heb daarom een schets van die philosophie trachten te ontwerpen ten gebruike bij mijn lessen en tot beter begrip van mijn leerlingen: destijds had ik geen ander doel.

Maar daar ik, om te komen tot het opstellen van beginselen en regelen als studiegids verplicht was de samenstelling der onderscheidene bekende dieren te onderzoeken, te letten op de bijzondere verschillen bij elke dier-familie, -orde en -klasse, de eigenschappen te vergelijken, die alle rassen van dieren eraan ontleenen, kortom: de meest algemeene verschijnselen in de voornaamste gevallen te leeren kennen, zoo werd ik gaandeweg geleid tot zeer belangwekkende wetenschappelijke overwegingen en tot het onderzoeken van de moeilijkste zoölogische vraagstukken.

Hoe kon ik ook die eigenaardige trapsgewijze afdaling der dierlijke organismen in een reeks van de volkomenste tot de onvolkomenste onder oogen zien, zonder den grond te onderzoeken van dat onbetwistbare en merkwaardige feit, door zeer veel bewijzen gestaafd? Moest ik wel niet denken, dat de natuur achtereenvolgens de verschillende levensvormen had voortgebracht, al voortschrijdende van het eenvoudige [XIV]tot het samengestelde? Immers, aldus trapsgewijs opklimmende in de reeks der dieren wordt de organisatie allengs samengestelder op een hoogst opmerkelijke manier.

Deze gedachte werd in mijn oogen des te waarschijnlijker, toen ik besefte, dat de allereenvoudigste organismen geen enkel bijzonder orgaan of vermogen vertoonen, maar alleen die, welke aan alle levende wezens gemeen zijn; en dat, naarmate de natuur geleidelijk de onderscheidene bijzondere organen schiep, en aldus meer en meer de dierlijke organisatie verwikkelde, de dieren al naar hun organische geleding verschillende speciale vermogens verkregen, talrijk en op den voorgrond tredend bij de meest volkomene onder hen.

Deze aandacht-boeiende beschouwingen deden mij weldra onderzoeken, waaruit het leven werkelijk bestaat en welke voorwaarden dat natuurverschijnsel stelt om zich zelf voort te brengen en lichamelijk te bestendigen. Ik kon mij te minder aan dat onderzoek onttrekken, overtuigd als ik was, uitsluitend bij de simpelste organismen de oplossing te kunnen vinden van een klaarblijkelijk zoo moeilijk probleem, daar alleen deze *alle* noodzakelijke levensvoorwaarden vertoonen en niets verwarrends daarenboven.

Daar dus de levensvoorwaarden op den laagsten trap van bewerktuiging volledig en tegelijk in hun eenvoudigsten vorm aanwezig zijn, ging het erom, te weten, hoe dezelve door een of andere wijziging tot een minder eenvoudige had kunnen leiden en tot de àl samengestelder trappen der dierenreeks. Ik meende de oplossing van mijn probleem te zien, met behulp der volgende beschouwingen waartoe de waarneming mij geleid had:

Ten eerste bewijzen een menigte bekende feiten, dat het voortdurend gebruik van een orgaan tot zijn [XV]ontwikkeling bijdraagt, het versterkt en zelfs vergroot, terwijl een tot gewoonte geworden niet-gebruik die ontwikkeling benadeelt, het ontwaardigt en gaandeweg doet afnemen en ten slotte doet verdwijnen, indien dat onbruik langdurig aanhoudt bij alle nakomelingen. Men begrijpt dus, dat als een verandering van omstandigheden een dierenras dwingt tot wijziging van gewoonten, de minder gebruikte organen dan meer en meer ten gronde gaan. Anderzijds ontwikkelen zich de veel-gebruikte deelen beter en erlangen afmetingen en kracht in verhouding tot het gebruik, dat de individuen ervan maken.

Ten tweede werd ik al nadenkend overtuigd, dat naarmate de vloeistoffen van een organisme in beweging versneld worden, zij het doorstroomende zachte celweefsel wijzigen, er doorgangen en verschillende kanalen in openen, kortom er verschillende organen doen ontstaan, al naar hun eigene organisatie.

Op grond dezer beide overwegingen beschouwde ik het als zeker, dat de *vloeistofbeweging* in de dieren — allengs met de samengestelder wordende bewerktuiging versneld — en de *invloed* der nieuwe *omstandigheden*—waaraan ze blootgesteld werden bij de verspreiding over de bewoonbare wereld—de twee voorname oorzaken waren, die hen tot den tegenwoordigen toestand gebracht hebben.

Ik heb mij in dit werk volstrekt niet bepaald tot het uiteenzetten der wezenlijke levensvoorwaarden bij de eenvoudigste organismen of der oorzaken van de toenemende verwikkeling der dierlijke organisatie vanaf de onvolmaakste tot de volmaakste. Maar daar ik in de mogelijkheid geloof de physische gezien het vervolg] oorzaken van het *gevoel* te leeren kennen, waarover zooveel dieren beschikken, heb ik ook daarmede mij beziggehouden.

Overtuigd, dat geen enkele stof zelf het vermogen [XVI]tot voelen kan hebben en het gevoel zelf zich slechts openbaart bij de verrichtingen van een daarop ingericht orgaan-systeem, heb ik gezocht naar het mechanisme van dat bewonderenswaardige verschijnsel, en ik geloof het gevonden te hebben.

Bij het inzamelen van positieve waarnemingen hieraangaande werd het mij duidelijk, dat tot het tot stand komen van *gevoel* reeds een zeer samengesteld zenuwtoestel noodig is, en in veel hooger mate nog voor *intelligentie.*

Ik ben daardoor overtuigd geworden, dat een zeer onvolkomen zenuwstelsel—gelijk bij de laaggeplaatste dieren, waar het voor 't eerst optrad—in dien toestand slechts in staat is tot het opwekken der spierbewegingen en nog niet van eenig gevoel. Op dat stadium vertoont het slechts zenuwknoopen waarvan vezels uitgaan, en noch een buikstreng, noch ruggemerg, noch hersenen.

In verder voortgeschreden toestand zien we die genoemde deelen optreden; het middelpunt van het gevoel is de hersenen, vanwaar de zenuwen ontspringen naar eenige bijzondere zintuigen. De betreffende dieren verheugen zich dan in het vermogen tot gevoel.

Vervolgens heb ik getracht het mechanisme te bepalen, waardoor gewaarwordingen geschieden, en aangetoond, dat deze bij dieren zonder verstandsorgaan niet meer dan een indruk teweegbrengen, volstrekt nog geen gedachte, óók als zij, ondanks de aanwezigheid van zoo'n orgaan, niet worden opgemerkt.

Ik heb, om de waarheid te zeggen, bij mijzelf nog niet uitgemaakt, of in dat mechanisme de gewaarwordingen geschieden door uitzenden van zenuwfluida vanaf het geprikkelde punt, of enkel door een beweging (trilling, *vert*.) in datzelfde fluidum. Dat inmiddels [XVII]de duur van zekere gewaarwordingen evenredig is met dien der veroorzaakte indrukken doet mij naar de laatste meening overhellen.

Mijn waarnemingen zouden geen voldoende licht gebracht hebben over het onderhavige onderwerp, als ik niet tot de erkenning en het bewijs gekomen was, dat gevoel en prikkelbaarheid twee zeer verschillende verschijnselen zijn; dat zij geenerlei gemeenschappelijken oorsprong hebben, zooals men heeft gedacht; dat het eerste n.l. een vermogen is, eigen aan bepaalde dieren, een bijzonder stel werktuigen vereischende, terwijl de tweede zooiets niet behoeft en aan alle dierlijke organisatie gemeen is.

Door verwarring dezer beide nu zal men zich licht kunnen vergissen in den uitleg der meeste verschijnselen op het gebied van bewerktuiging der dieren. Vooral als men de beginselen van gevoel en beweging en den zetel hiervan bij de betreffende dieren proefondervindelijk tracht uit te vorschen.

Nadat men bijv. jeugdige dieren had onthoofd of het ruggemerg doorgesneden tusschen achterhoofd en atlas of er een sonde in gestoken had, heeft men verschillende bewegingen—veroorzaakt door luchtinblazing in de longen—gehouden voor een bewijs van het weer opleven van het gevoel. Intusschen zijn deze gevolgen slechts te danken: eenerzijds aan de niet-uitgebluschte *prikkelbaarheid*—die immers nog eenigen tijd na den dood aanhoudt,—anderzijds aan bepaalde spiertrekkingen, door die inblazing opgewekt, als de ruggestreng nog niet over de heele lengte door de sonde is verwoest.

Als ik nu niet de organische werkkracht, die beweging en gevoel teweegbrengt *had leeren kennen* als volkomen onafhankelijk van elkaar—ofschoon voor beide nerveuse inwerking noodig is—en als ik niet opgemerkt had, dat men verschillende spieren kan bewegen zonder eenige gewaarwording [XVIII]daarvan, en ook omgekeerd, dan had ik die in diertjes zonder hoofd of hersenen opgewekte bewegingen voor teekenen van *gevoel* gehouden, en ik zou mij vergist hebben.

Indien een individu niet in staat is—van nature of anderszins— om van een gewaarwording te getuigen, en niet door geluiden uiting geeft aan de geleden pijn, zoo heeft men geen enkel ander zeker teeken voor zoo'n gewaarwording, dan de wetenschap, dat het stel gevoelsorganen niet verwoest, en ongeschonden is. Spierbewegingen zonder meer zijn nog geen bewijs voor gevoel.

Nadat ik mijn inzichten omtrent deze dingen gevormd had, ging ik het *innerlijke gevoel* beschouwen, d.w.z. dat levensbesef slechts eigen aan dieren in staat tot voelen. Ik bracht het in verband met alle bekende, correspondeerende feiten, alsmede mijne eigene waarnemingen en kwam weldra tot de slotsom, dat dit innerlijke gevoel een wezenlijke kracht is, die men niet stilzwijgend voorbij kan gaan.

Niets schijnt mij inderdaad belangrijker dan *dit innerlijke* gevoel (bij den mensch en de dieren met een daarop ingericht, zenuwstelsel) opgewekt door physische en psychische1 behoeften en op zijn beurt weer de bron, waaruit bewegingen en handelingen hun middelen tot uitvoering putten. Niemand had er aandacht aan besteed, voor zoover ik weet, zoodat alle mogelijke verklaringen voor de voornaamste verschijnselen in het dierlijk organisme onvoldoende bleven door deze leemte in de kennis van een hunner hoofdoorzaken. Intusschen hebben wij een soort donker besef van het bestaan van deze innerlijke macht bij het gewagen van de ontroeringen, die wij zelf in tallooze omstandigheden ondergaan. Want het woord *gemoedsbeweging* (dat ik niet gevormd [XIX]heb) wordt in het spraakgebruik nogal vaak aangewend, om bovengenoemde feiten aan te duiden.

Toen ik gemerkt had, dat het innerlijk gevoel door verschillende oorzaken vermag bewogen te worden en dan kan optreden als opwekker van handelingen, werd ik getroffen door de menigvuldige bekende feiten, die dit bevestigen; terwijl de moeilijkheden omtrent de oorzakelijke prikkels tot actie, die mij al sinds lang bezwaard hadden, mij thans geheel verdwenen bleken.

Mijzelf nogal geslaagd achtende in het vatten van een waarheid — n.l. om de kracht, die de bewegingen der dieren voortbrengt, toe te schrijven aan het innerlijke gevoel — had ik intusschen nog maar een deel van de moeilijkheden van dat onderzoek opgeruimd. Want klaarblijkelijk bezitten niet alle bekende dieren een zenuwstelsel en kunnen 't ook niet bezitten. Derhalve zijn ook niet alle met dat innerlijke gevoel begaafd, en hebben dus bij hen de uitgevoerde bewegingen een anderen oorsprong.

Eenmaal zoover gekomen werd het mij weldra duidelijk, dat een groot aantal dieren zich in hetzelfde geval moesten bevinden als de planten, wier leven niet zou kunnen bestaan en zich daadwerkelijk bestendigen zonder prikkels van buitenaf.

En daar ik al dikwerf gemerkt had, dat de natuur verschillende middelen aanwendt om tot hetzelfde doel te komen, bleef hieromtrent bij mij geen twijfel meer bestaan.

Zoo geloof ik dan, dat de laagste dieren, zonder zenuwstelsel, slechts leven met behulp van de prikkels, uit de buitenwereld ontvangen, d.w.z. doordat fijne en immer-beweeglijke fluida uit de omgeving onophoudelijk in de organismen doordringen en er het leven onderhouden, voorzoover hun toestand dit mogelijk maakt. Deze zoo vaak overwogen gedachte [XX]nu, naar allen schijn door zooveel feiten bevestigd, en bij mijn weten door geen enkel tegengesproken en waarvoor ook het plantenleven kennelijk getuigt, zij werpt m.i. een straal van licht op de hoofdoorzaak van leven en beweging der dieren, waaraan zij alles verschuldigd zijn, wat hen bezielt.

Deze beschouwing in verband brengende met de beide vorige— d.w.z. met die aangaande de uitwerking der fluidenbeweging in de dieren en 2e de veranderingen in hun omstandigheden en gewoonten—kon ik de verbindingsdraad vatten tusschen de talrijke oorzaken der verschijnselen van het dierlijk organisme naar zijn ontwikkeling en verscheidenheid. Weldra zag ik het belang van dat middel van de natuur, dat daarin bestaat, dat de nieuwgevormde individuën alles bewaren, wat de voorouders door hun levens-loop en inwerking der omstandigheden verworven hadden.

Toen ik nu had opgemerkt, dat bewegingen bij de dieren nooit worden meegedeeld maar opgewekt, begreep ik, dat de natuur, eerst gedwongen aan het omringend milieu de *opwekkende kracht* te ontleenen tot de bewegingen en handelingen der lagere dieren, deze kracht—bij de groeiende samengesteldheid van de dierlijke organisatie—heeft weten te verleggen naar hun innerlijk, en haar ten slotte ter beschikking van het individu stelde.

Dit zijn de voornaamste onderwerpen, die ik heb trachten op te stellen en te ontwikkelen in dit werk.

Zoo biedt dan de *Zoölogische Philosophie* de resultaten van mijn studiën over de dieren, hun algemeene en bijzondere eigenschappen, de oorzaken van de verschillende ontwikkeling van hun organisatie, en de vermogens, die zij daaraan ontleenen. Voor de samenstelling heb ik het voornaamste materiaal gebruikt, verzameld voor een ontworpen werk over de levende wezens onder [XXI]den titel *Biologie*, hetwelk niet door mij voltooid zal worden.

De talrijke opgesomde feiten staan vast, en de eruit afgeleide gevolgtrekkingen schijnen mij dwingend juist en derhalve, naar mijn overtuiging, moeilijk te verbeteren.

Intusschen — dit spreekt vanzelf — zullen verscheidene nieuwe beschouwingen in dit werk al dadelijk den lezer ongunstig stemmen door den natuurlijke weerstand van gevestigde meeningen tegen opstandige nieuwe. Daar nu deze macht van oude ideeën over nieuwe dit vooroordeel begunstigt, vooral als er eenig belang — hoe klein ook — op het spel staat, zoo is bijgevolg, hoe moeilijk het ontdekken van nieuwe waarheden bij de natuurstudie ook zij, de strijd voor hun erkenning nog veel zwaarder.

Deze moeilijkheden van verschillenden oorsprong zijn in den grond eerder vóór-, dan nadeelig voor ons weten. Want door die stroefheid bij het toelaten van nieuwe denkbeelden zijn er een menigte schoon schijnende, maar zonderlinge en ongegronde ideeën die, nauw geboren, weer terugzinken in de vergetelheid. Ondertusschen worden soms uitstekende inzichten en deugdelijke gedachten om dezelfde reden verworpen of verwaarloosd. Maar beter, dat een eenmaal erkende waarheid lang moet strijden zonder rechtmatige belangstelling te ondervinden, dan dat alle voortbrengselen der weelderige menschelijke verbeelding voetstoots aangenomen worden.

Hoe meer ik hierover peins, in 't bijzonder over de vele oorzaken, die ons oordeel kunnen wijzigen, hoe meer ik overtuigd raak, dat, uitgezonderd de door niemand betwijfelbare stoffelijke en abstracte2[XXII]feiten, alles verder slechts meening of redeneering is. En zooals bekend, kan men tegenover de eene redeneering steeds de andere stellen. Hoezeer dan ook de onderscheidene menschelijke meeningen kennelijk mogen verschillen—in waarschijnlijkheid, bewijskracht of zelfs in waarde—zoo komt het me toch voor, dat wij hen niet moeten laken, die de onze afwijzen.

Moet men nu de meest-verspreide meeningen slechts gegrond achten? De ondervinding leert toch, dat de verlichtste personen met het meest-ontwikkelde verstand ten allen tijde slechts een kleine minderheid vormen. Ontegenzeggelijk moesten de gezaghebbenden in de wetenschap niet elkaar tellen, maar naar *waarde schatten*, ofschoon inderdaad die appreciatie zeer moeilijk is.

Intusschen is het door de vele strenge voorwaarden voor een goed oordeel nog niet altijd zeker, dat de als autoriteiten beschouwden de zaken volkomen juist beoordeelen.

Voor den mensch zijn dus besliste waarheden, waarop hij met zekerheid staat kan maken slechts: waarneembare feiten zonder de eruit afgeleide gevolgtrekkingen; het bestaan van de natuur, die deze dingen vertoont en ten slotte de wetten, die beweging en verandering harer deelen beheerschen. Daarbuiten is alles onzekerheid, al hebben ook sommige gevolgtrekkingen, theoriën, meeningen enz. veel meer waarschijnlijkheid dan andere. Men kan op geen enkel der laatstgenoemde dingen bouwen, daar zij, die deze verstandsbewerkingen uitvoeren, niet met zekerheid de bij uitstek ware elementen daartoe uitsluitend en volledigljk gebruikt hebben. Daar [XXIII]voor ons niets vaststaat dan het bestaan van lichamen, die onze zintuigen aandoen, en hun werkelijke eigenschappen, en voorts de kenbare stoffelijke en abstracte feiten, moeten de in dit werk uiteengezette gedachten, redeneeringen en uitleggingen eenvoudig beschouwd worden als voorgeslagen meeningen mijnerzijds aangaande den mogelijken toedracht van zaken.

Hoe dit zij, terwijl ik mij wijdde aan de waarnemingen, die leidden tot de in dit werk uiteengezette beschouwingen heb ik ze met vreugde overeenkomstig de waarheid bevonden, als belooning voor de vermoeienissen mijner studiën en overdenkingen. En met hun publicatie bedoel ik een uitnoodiging aan de verlichte natuurvrienden om ze na te gaan en te beproeven en er hun eigen, passende gevolgtrekkingen uit af te leiden.

Daar deze weg mij de eenige schijnt, die leidt, althans dicht nadert tot de kennis van de waarheid, en deze kennis klaarblijkelijk voordeeliger is dan de dwaling in haar plaats, zoo twijfel ik niet aan zijn juistheid.

Men zal opmerken, dat ik met bijzonder behagen het tweede, en vooral het derde deel van dit werk behandeld heb en zij mij veel belangstelling ingeboezemd hebben. Ondertusschen moeten toch ook de beginselen van de natuurlijke historie, die mij in het eerste deel hebben beziggehouden, minstens beschouwd worden als zeer nuttige dingen voor de wetenschap, daar zij het meest aansluiten bij de tot heden geldende meeningen.

Ik zou voorts dit werk aanzienlijk hebben kunnen uitbreiden, door elk onderdeel, naar zijn belangwekkenden inhoud, geheel uit te werken. Maar, tot recht verstand mijner opmerkingen, gaf ik er den voorkeur aan, mij tot een strikt noodzakelijke uiteenzetting te beperken. Daardoor heb ik mijn lezers [XXIV]tijd bespaard, zonder hen aan wanbegrip bloot te stellen.

Ik zal mijn voorgestelde doel bereikt hebben, als de vrienden der natuurwetenschap voor zich in dit werk eenige nuttige inzichten en beginselen vinden; als de hier uiteengezette eigen waarnemingen bevestigd of accoord bevonden worden door hen, die zich met dezelfde onderwerpen hebben beziggehouden; en indien de eruit ontsproten gedachten, welke zij ook zijn, onze kennis kunnen vermeerderen of ons op weg brengen naar onbekende waarheden.
[XXV]
1 Het woord "moral" is hier steeds vertaald door "psychisch" of "abstract" (Vert.)

2 Ik noem *abstract* (*faits moraux*) de wiskundige waarheden, d.w.z. de resultaten van qualitatieve, quantitatieve of energetische berekeningen, omdat zij niet door de zinnen maar door het verstand erkend worden. Deze [XXII.n]abstracte feiten nu omvatten zoowel positieve waarheden, waaronder de waarneembaarheden omtrent het bestaan der lichamen, als vele andere hierop betrekking hebbende (Emend. naar Martins. Vert.)

Inleiding

m die bereikbare, stellige kennis te verkrijgen, die ons waarlijk van nut is, moet men m.i. de natuur waarnemen, haar voortbrengselen bestudeeren, de characteriseerende algemeene en bijzondere verhoudingen opsporen, voorts de alom heerschende *orde* trachten te begrijpen, alsmede den voortgang der natuur, hare wetten, en de duizenderlei middelen, door haar gebruikt om die orde te bewerkstelligen. Aldus smaakt men tevens de zoetste genietingen, zoo geëigend als tegenwicht tegenover de onvermijdelijke moeiten des levens.

Inderdaad, wat is er belangwekkender in de waarneming der natuur dan de studie der dieren, het beschouwen van het verband van hun samenstelling met die des menschen en van het vermogen van gewoonten, levenswijze, klimaat en woonplaats om hun organen, eigenschappen en eigenaardigheden te wijzigen? Of het onderzoek der verschillende onder hen aangetroffen orgaanstelsels, waarnaar men de meer of minder verwijderde betrekkingen vaststelt, die de plaats van een iegelijk hunner in het natuurlijk systeem bepalen? Wat is er interessanter, dan de algemeene indeeling, waartoe wij deze dieren brengen op grond hunner grooter of kleiner samengesteldheid van bouw? Een indeeling, die kon leiden tot de kennis van den weg zelf, dien de natuur gevolgd heeft bij het scheppen van alle soorten.

Zeker, ontegenzeggelijk zijn al deze beschouwingen en nog verscheiden andere, waartoe de dierstudie noodzakelijk leidt, zeer belangwekkend voor alle natuurvrienden, die het ware in alles zoeken. [XXVI]

Merkwaardig intusschen, dat wij de voornaamste verschijnselen eerst ter overdenking kregen sinds de voorkeur begon voor de studie der lagere dieren, voornamelijk gebaseerd op hun anatomische onderzoek.

Niet minder merkwaardig is het, te moeten erkennen, dat bijna steeds door de voortgezette onderzoekingen van de geringste objecten en schijnbare kleinigheden in de natuur de belangrijke kennis gewonnen is, leidende tot de ontdekking harer wetten en middelen en van haar beloop. Deze waarheid, reeds door veel belangrijke feiten bevestigd, zal in dit werk nog nader blijken en ons meer dan ooit ervan overtuigen, dat bij de natuurstudie volstrekt niets verwaarloosd mag worden.

Het voorwerp van de studie der dieren is niet uitsluitend, hunne verschillende rassen te leeren kennen, en alle onderscheiden bijzondere eigenaardigheden daartusschen te bepalen. Maar het geldt ook, te komen tot de kennis van den oorsprong hunner vermogens, de oorzaaken van het ontstaan en onderhouden van hun leven en voorts van de merkwaardige voortschrijding hunner organisatie en van het aantal en de ontwikkeling hunner vermogens.

Aan hun wortel zijn ongetwijfeld het physische en psychische één; en men kan deze waarheid klaar doen uitkomen bij de studie van de bewerktuiging der verschillende bekende dierorden. Het uit den wortel ontsprotene is eerst nauwelijks, later duidelijk in twee groepen onderscheiden, welke op zichzelf genomen eertijds mij — en velen nu nog — toeschenen niets gemeenschappelijks te hebben.

Ondertusschen heeft men reeds den invloed leeren kennen van het physische op het psychische1. Maar blijkbaar heeft men aan het omgekeerde proces [XXVII]nog niet voldoende aandacht besteed. Voorwaar, deze twee dingorden van gemeenschappelijken oorsprong werken op elkaar in, vooral als zij het meest gescheiden lijken, en men is tegenwoordig in staat, te bewijzen, dat zij elkaar onderling wijzigen.

Om de gemeenschappelijke afkomst van de twee resulteerende gebieden aan te toonen, die in hun grootste onderscheiding het "*physische*" en "*psychische*" uitmaken, heeft men een verkeerden weg gekozen. Men is n.l. begonnen deze twee zoo kennelijk onderscheiden object-groepen te bestudeeren bij den mensch zelf, wiens ten uiterste samengesteld en volmaakt organisme in de oorzaken der levensverschijnselen, gevoelens en functies het ingewikkeldst is, en waar het bijgevolg 't moeilijkst valt, den bron van zooveel verschijnselen te begrijpen.

Na het menschelijk organisme ter dege bestudeerd te hebben, had men — inplaats van dadelijk te zoeken naar de "oorzaken" van het leven, het physieke en psychische gevoel, kortom de hoogste menschelijke vermogens — de organisatie der andere dieren moeten beschouwen, de daartusschen bestaande verschillen, alsmede het verband met hun resp. verrichtingen.

Indien men dat gedaan had, indien men den *vooruitgang* in samenstelling beschouwd had vanaf het eenvoudigste dier tot den mensch toe, alsmede het achtereenvolgens verkrijgen van bijzondere nieuwe organen, hoe de *behoeften*, — eerst nog in zeer gering, later in groeiend aantal — den tendens tot hen bevredigende handelingen hebben meegebracht, hoe de geregeld en versterkt uitgevoerde handelingen de ontwikkeling van de haar volbrengende organen hebben veroorzaakt; hoe de beweging-wekkende kracht bij de laagste dieren buiten hen kan gelegen zijn en hen inmiddels toch bezielen. Hoe ten slotte deze kracht in het dier zelf overgebracht en vastgelegd [XXVIII]is, en hoe zij de bron is geworden van het gevoel, en ten slotte van de verstandshandelingen.

Ik kan er bijvoegen, dat als men deze methode gevolgd had, men dan in het geheel niet het *gevoel* als de algemeene en onmiddellijke oorzaak der bewegingen zou beschouwd hebben en het leven als een opvolging van bewegingen, uitgevoerd krachtens de door verschillende organen ontvangen gewaarwordingen, of anders, dat alle vitale bewegingen voortgebracht werden door indrukken, in de gevoelige deelen ontvangen. (*Rapp. du phys. et du moral de l'Homme, pp. 38–39, 85*).

Deze oorzaak zou tot op zekere hoogte gegrond schijnen ten opzichte der hoogste dieren. Maar als het er zoo mee stond bij alles wat leeft, dan zou dat àl het vermogen tot voelen bezitten. Men zou ons echter nog moeten bewijzen, dat de planten of zelfs maar alle dieren in dat geval verkeeren.

Ik erken in een dergelijke "algemeene" onderstelling volstrekt niet den waren gang der natuur. Bij de grondvesting van het leven is zij geenszins dadelijk begonnen met het stellen van een zoo uitnemend vermogen als het gevoel. Zij heeft niet vermocht dit te scheppen in de nog zoo onvolkomen onderste klassen van het dierenrijk.

De levende natuur heeft alles langzamerhand en gaandeweg gedaan, daar kan men niet meer aan twijfelen.

Onder de verschillende onderwerpen, die ik mij voorstel in dit werk uiteen te zetten, zal ik juist trachten aan te toonen,—door overal bekende feiten aan te voeren—, dat de natuur in steeds samengestelder diervormen progressief de verschillende bijzondere organen en functies geschapen heeft.

Lang geleden dacht men, dat er een soort ladder of trapsgewijze keten bestond tusschen de verschillende [XXIX]levensvormen. BONNET heeft deze meening ontwikkeld, maar hij heeft haar gansch niet bewezen met aan de organisatie zelve ontleende werkelijke organieke feiten, wat toch wel noodig was, vooral wat de dieren betreft. Hij kon dat ook niet, want in zijn tijd had men nog niet de middelen ertoe.

Bij de bestudeering van dieren van alle klassen is er nog heel wat meer te zien dan alleen hun toenemende samengestelde bewerktuiging. Hoe de omstandigheden nieuwe behoeften meebrengen, deze weer handelingen, deze weer, door herhaling, gewoonten en neigingen als resultaat van het meerder of minder gebruik van een of ander orgaan: door welke natuurlijke middelen al het door 't organisme verkregene te bewaren en te volmaken is, enz. enz., dat zijn zeer belangrijke onderwerpen voor de rationeele philosophie.

Maar deze dierenstudie, vooral van de lagere, werd zoolang verwaarloosd, het vermoeden van hun groote belang lag nog zoover af, en men is daarmee nog eerst zoo kortgeleden begonnen, dat men alle reden heeft bij de voortzetting nog veel nieuw licht te verwachten.

Toen men begon werkelijk natuurlijke historie te studeeren en elk rijk de aandacht der natuurvorschers kreeg, hebben de dierkundigen hoofdzakelijk de gewervelde dieren onderzocht, d.w.z. de *zoogdieren, vogels, kruipende dieren* en ten slotte de *visschen*. Bij deze klassen scheen de studie der soorten, grooter en beter bestembaar als ze gewoonlijk zijn en meer ontwikkeld van bouw en functies, meer te beloven dan die der ongewervelden.

En inderdaad, de uitermate kleine afmetingen der meeste ongewervelde dieren, hun beperkte vermogens en het meer verwijderde verband hunner organen met die van den mensch vergeleken bij de hoogere dieren, heeft hen a.h.w. door het vulgus doen [XXX]veracht en en hun zelfs tot op onze dagen van de zijde der natuuronderzoekers slechts een zeer matige belangstelling doen ten deel vallen.

Intusschen begint men terug te komen van dit vooroordeel, zoo schadelijk voor de vooruitgang onzer kennis. Want sinds eenige jaren lang deze eigenaardige dieren nauwlettend onderzocht zijn, moet men bekennen, dat hun onderzoek zoowel voor den natuurvorscher als den philosooph allerbelangwekkendst is, omdat het over talrijke problemen der natuurlijke historie en dierkunde een licht werpt, dat ànders moeilijk te verkrijgen zou zijn.

Belast met het onderwijs in de door mij dusgenoemde *"ongewervelde dieren"* in het Museum voor Natuurlijke Historie gaven mij de onderzoekingen aangaande deze talrijke dieren, het verzamelen van de hen betreffende waarnemingen en feiten, en eindelijk het inzicht, te danken aan hunne vergelijkende anatomie mij weldra een zeer hoog denkbeeld van de belangstelling, welke die studie verdient.

Inderdaad moet het onderzoek van de *ongewervelden* den natuurkenner wel bijzonderlijk interesseeren, 1e. omdat de soorten dezer dieren veel talrijker zijn dan van de gewervelden; 2e. omdat ze daardoor meer gevarieerd zijn; 3e. wijl die variaties in samenstelling veel grooter, ingrijpender en eigenaardig zijn; 4e. omdat de weg, dien de natuur volgt om successievelijk de verschillende dierlijke organen te vormen veel duidelijker uitgedrukt is in de mutaties, die zij ondergaan bij de evertebraten en we daardoor veel beter het ontstaan zelf van de organisatie, de oorzaak van hun samenstelling en ontwikkeling kunnen begrijpen, dan door alle beschouwing van de meer volkomen dieren, zooals de gewervelde.

Toen ik doordrongen was van deze waarheden voelde ik wel, dat om ze aan mijn leerlingen te geven ik, in plaats van mij dadelijk in bijzonderheden [XXXI]te verliezen, hun vóór alles de algemeene verhoudingen omtrent alle dieren moest toonen; het verband des geheels, alsmede de wezenlijk daarop betrekking hebbende beschouwingen. Vervolgens stelde ik mij voor, de voornaamste momenten te bespreken, die dit geheel verdeelen, om ze onder elkaar te vergelijken en elk afzonderlijk beter te doen kennen.

Het ware middel toch, om te komen tot een deugdelijke kennis van een onderwerp, zelfs tot in de kleinste onderdeelen, is: te beginnen met het in zijn geheel te beschouwen; door te onderzoeken, òf massa, òf uitgebreidheid, òf het geheel der samenstellende deelen. Dan moet men zijn aard en oorsprong onderzoeken, welk verband er bestaat met andere bekende verschijnselen, in één woord, het onder alle gezichtspunten beschouwen, die licht kunnen verschaffen omtrent de hun betreffende algemeene geldigheden. Men splitst vervolgens dat onderwerp in zijn voornaamste deelen om ze afzonderlijk te beschouwen in alle verhoudingen, die ons te hunnen opzichte kunnen inlichten. En aldus voortgaande met verdeelen en onderverdeelen dringt men tot in de kleinste details door, waarvan de bijzonderheden onderzocht worden, tot de geringste toe. Aan het eind van dit onderzoek trekt men er de conclusies uit en gaandeweg wordt zoo de wijsbegeerte dezer wetenschap opgesteld en verbeterd.

Alleen langs dezen weg kan het menschelijk verstand de meest uitgebreide, deugdelijke en stevig gegrondveste kennis erlangen, in welke wetenschap ook. En alleen door deze wijze van analyse maakt zij wezenlijke vorderingen en worden de betreffende onderwerpen nooit verward maar volkomen doorgrond.

Ongelukkig is men bij de natuurstudie niet genoeg gewend deze methode te volgen. De wel erkende [XXXII]noodzaak de afzonderlijke voorwerpen goed waar te nemen heeft de gewoonte doen ontstaan, zich daarbij en bij hun kleinste details te bepalen, zoodat zij voor de meeste natuurvorschers het voornaamste onderwerp van studie geworden zijn. Het zou intusschen voor de natuurwetenschappen een werkelijke remming zijn2, indien men in de waargenomen objecten slechts hardnekkiglijk den vorm, afmeting, uitwendig voorkomen tot in de kleinste details, kleur enz. bleef zien, en als die systematici zich niet verwaardigden zich tot beschouwingen van hoogere orde op te werken, zooals het onderzoek naar de natuur van het onderhavige voorwerp, naar de oorzaken der wijzigingen en variaties, waaraan het is onderworpen, naar hunne onderlinge betrekkingen en die met de andere bekende voorwerpen, enz.

Doordat men niet genoeg de geschetste methode volgt, merkt men zooveel uiteenloopende richtingen op in het dienaangaande geleeraarde, zoowel in de boeken, als elders, begrijpen de systematische specialisten slechts hoogst moeilijk het algemeene verband tusschen de natuurvormen of het ware plan der natuur en erkennen zij bijna geen harer wetten.

Eenerzijds nu overtuigd, dat men niet een methode moet volgen die dusdanig de gedachten beperkt en benauwt, en anderzijds verplicht, een nieuwe uitgave van mijn *Systeem der ongewervelde Dieren* te bezorgen, daar de snelle vorderingen der vergelijkende anatomie, de nieuwe ontdekkingen der zoölogen en mijne eigene waarnemingen mij in staat stelden, dit werk te verbeteren, heb ik gemeend in een afzonderlijk werk onder den titel *Zoölogische Philosophie* te moeten verzamelen. 1e. De algemeene beginselen voor de studie van het dierenrijk; 2e. de belangrijke [XXXIII]waarnemingen, waarmee men daarbij rekening moet houden; 3e. overwegingen betreffende de wetmatige *groepeering* der dieren en hun meest passende classificeering; 4e. de gewichtigste gevolgtrekkingen natuurlijkerwijze uit een en ander af te leiden en die de ware *philosophie* der wetenschap grondvesten.

De *"Zoölogische philosophie"* is niet anders dan een omgewerkte verbeterde en zeer vermeerderde uitgave mijner *"Onderzoekingen over levende Wezens"*. Zij is verdeeld in drie deelen, en elk daarvan weer in verschillende hoofdstukken.

In het eerste deel, dat de voornaamste waargenomen feiten moet bevatten en de algemeene beginselen der natuurwetenschappen, zal ik eerst datgene behandelen, wat ik noem hun *kunstmatige hulpmiddelen*, het belang van een beschouwing van de *overeenkomsten* en van het ons te vormen begrip van dusgenoemde levende *"soorten"*. Na de *algemeene geldigheden* omtrent de dieren ontwikkeld te hebben, zal ik uiteenzetten: primo de bewijzen voor een *trapsgewijze afklimming* in organisatie, die heerscht van het eene einde tot het andere van een dierketen, waarbij de meest volkomen dieren aan het begin zijn geplaatst; secundo zal ik aantoonen den invloed der *omstandigheden en gewoonten* op de dierlijke organen, als zijnde de bron der oorzaken, die hun ontwikkeling bevorderen of remmen. Ik zal dat gedeelte beëindigen met een beschouwing van de *natuurlijke orde* der dieren en een eposé van hun *groepeering* en *indeeling*.

In het tweede deel hoop ik mijn denkbeelden te geven over de orde en gesteldheid, die den kern van het dierlijke leven uitmaken en ik zal de wezenlijke bestaansvoorwaarden van dat bewonderenswaardige natuurverschijnsel aanwijzen. Vervolgens zal ik de oorzaken trachten te bepalen, die prikkelen tot organische bewegingen; die van "spanning" [XXXIV]en prikkelbaarheid; de eigenschappen van het celweefsel; de eenige voorwaarden waarbij *generatio spontanea* kan optreden; de klaarblijkelijke gevolgen van de levensuitingen enz. enz.

In het derde deel zal ik ten slotte mijn gedachten uitspreken omtrent de physieke oorzaken van het gevoel, de actieve vermogens en de verstandshandelingen van zekere dieren.

Ik zal daarbij behandelen; 1e. den oorsprong en de vorming van het zenuwstelsel; 2e. het "zenuwfluidum", slechts indirect te kennen, maar welks bestaan bewezen wordt door de aan hetzelve bij uitstek eigen verschijnselen; 3e. de stoffelijke gevoeligheid en het mechanisme der gewaarwordingen; 4e. de kracht, die de bewegingen en handelingen der dieren voortbrengt; 5e. den bron van den wil of het vermogen daartoe; 6e. de ideeën en hun verschillende rangorde; 7e. ten slotte eenige bijzondere uitingen van het verstand, zooals de aandacht, de gedachten, de verbeelding, de herinnering, enz.

De in het tweede en derde deel uiteengezette beschouwingen behelzen ongetwijfeld zeer moeilijke en zelfs schijnbaar onoplosbare onderwerpen. Maar ze zijn zoo belangwekkend, dat ook al de pogingen ten hunnen opzichte van nut kunnen zijn, hetzij door het aantoonen van nog niet opgemerkte waarheden, hetzij door den weg te banen, die tot haar kan leiden.

1 Zie het uitstekende werk van CABANIS, getiteld: *Rapport du physique et du moral de l'homme.*

2 De emandatie van MARTINS hier *niet* gevolgd! (Vert.)

[1]

Zoölogische Philosophie

Eerste Deel
Beschouwingen over de natuurlijke historie der Dieren, hun eigenaardigheden, verhoudingen, organisatie, rangschikking en indeeling in soorten
[3]

Hoofdstuk I

De kunstmatige hulpmiddelen der Natuurwetenschappen

veral in de natuur, waar de mensch zich zet tot het vergaren van kennis, is hij gedwongen, verschillende middelen te gebruiken, 1e. om orde te scheppen tusschen de oneindig-talrijke en gevarieerde beschouwde voorwerpen; 2e. om zonder verwarring in die onmetelijke menigte òf belangwekkende groepen te onderscheiden, òf elk voorwerp op zichzelf; 3e. tenslotte om alles wat men vernomen en gedacht heeft aan zijns gelijken mee te deelen. Het daarbij door ons benoodigde dan vormt wat ik noem de "*kunstmatige hulpmiddelen*" der natuurwetenschappen, niet te verwarren met de wetten en handelingen zelf der natuur.

Evenzeer als het noodig is, in die wetenschap het kunstmatige van het natuurlijke te onderscheiden, zoo moet men ook twee heel verschillende drijfveeren tot natuurstudie uiteenhouden.

De eene is een "*economische*", omdat zij ontstaat uit de menschelijke behoeften aan nooddruft en verpoozing met betrekking tot de natuurvoortbrengselen, die hij zich ten nutte wil maken. Uit dien hoofde interesseert hij zich slechts voor zulke, waarvan hij voordeel wacht.

De andere, hiervan zeer verschillende drijfveer is de *wijsgeerige*, die ons doet wenschen de natuur zelf in al haar geledingen te leeren kennen, om haar beloop, wetten en verrichtingen te begrijpen, ons een denkbeeld te vormen, van alles, wat zij laat [4]ontstaan en bestaan, i.e.w., die soort kennis verschaft, die den waren natuurvorscher kenmerkt. Den weinigen van deze geestesrichting interesseeren alle waarneembare natuurverschijnselen gelijkelijk.

De economische en amusements-behoeften deden eerst de verschillende *hulpmiddelen* bedenken, bij de natuurwetenschap in gebruik. Eenmaal doordrongen van de belangstelling in de natuurstudie pasten wij hen daarbij verder toe. Zoo zijn die middelen onontbeerlijk, zoowel bij de bestudeering van bepaalde voorwerpen als ter bevordering der natuurwetenschappen (i.h.a.), en ter oriënteering in haar enorme hoeveelheid verschillende objecten.

Nu dwingt ons de *wijsgeerige* belangstelling in de betreffende wetenschappen—ofschoon minder algemeen gevoeld dan de economische—tot scheiding van het kunstmatige en het natuurlijke en de behandeling van het eerste binnen passende grenzen te houden, om aan het tweede alle verdiende aandacht te schenken.

Die hulpmiddelen zijn:

1. 1e. De systematische algemeene en bijzondere indeeling.
2. 2e. De klassen.
3. 3e. De orden.
4. 4e. De families.
5. 5e. De geslachten.
6. 6e. De nomenclatuur, zoowel der verschillende afdeelingen als der bijzondere voorwerpen.

Deze 6, in de natuurwetenschappen algemeen gebruikelijke, echte kunst-middelen moeten dienen tot het rangschikken, indeelen, bestudeeren, vergelijken, herkennen en aanhalen van de verschillende waargenomen natuurvoortbrengselen. Iets dergelijks heeft de natuur niet gedaan, en inplaats ons zelf te misleiden door ons werk met het hare te verwarren, [5]moeten wij erkennen, dat de *klassen, orden, families, geslachten* en desbetreffende *nomenclatuur* hulpmiddelen van onze vinding zijn, weliswaar onmisbaar, maar die men moet gebruiken volgens overeengekomen beginselen om willekeurige veranderingen te vermijden, die alle voordeel zouden te niet doen.

Zonder twijfel moest men onvermijdelijk de natuurvoortbrengselen *groepeeren* en onder hen verschillende indeelingen opstellen, zooals klassen, orden, families en geslachten en z.g.*soorten* afpalen en al deze grootheden benoemen. De grenzen van ons kunnen eischen het en wij behoeven zulke middelen als hulp bij het vastleggen van onze kennis omtrent die wonderbaarlijke menigte tot in 't oneindige verschillende, waarneembare natuurvormen.

Maar deze classificaties, dikwijls zoo gelukkig door de natuurvorschers bedacht, evenals haar indeelingen en onderverdeelingen, zijn geheel en al kunstmatig. Niets van dat alles bevindt zich in de natuur, ondanks den grondslag, daaraan schijnbaar gegeven door zekere in schijn op zichzelf staande deelen van de ons bekende natuurlijke reeks. Men kan dan ook verzekeren, dat de natuur klassen, orden, families, geslachten noch soorten werkelijk in constanten vorm heeft voortgebracht, maar alleen individuen die elkaar opvolgen en gelijken op hun voortbrengers1. Deze enkelingen nu behooren tot oneindig-verschillende rassen, geschakeerd in allerlei vormen en allerlei graden van bewerktuiging die onveranderd blijven zoolang geen oorzaak tot verandering op hen werkt.

Laten wij enkele korte uiteenzettingen geven omtrent elk der zes genoemde hulpmiddelen.

Systematische rangschikking. Zoo noem ik—hetzij [6]in het algemeen, hetzij in het bijzonder—elke reeks dieren of planten, die niet overeenkomt met de natuurlijke orde, d.w.z. deze noch geheel, noch gedeeltelijk weergeeft en bijgevolg niet gegrond is op welbepaalde onderlinge verhoudingen.

Men heeft tegenwoordig allen grond tot de erkenning, dat in de natuur een gestelde orde heerscht onder al haar levende wezens, volgens welke orde zij oorspronkelijk gevormd zijn.

Deze orde zelf bestaat in elk organisch rijk in wezen éénig en ongedeeld en is te kennen uit de bijzondere en algemeene betrekkingen tusschen haar verschillende samenstellende deelen. De organismen aan beide einden van zoo'n geordende reeks hebben onderling het minst wezenlijk verband en vertoonen in samenstelling en vorm de grootst mogelijke verschillen.

Die orde zal, naarmate we haar leeren kennen, de systematische of kunstmatige rangschikking vervangen, opgesteld om gemakkelijk de verschillende waargenomen natuurvoorwerpen te groepeeren. Inderdaad heeft men daarbij in de beginne slechts aan hun gemakkelijke onderscheiding gedacht. En de werkelijke natuurlijke orde heeft men des te langer ondoorvorscht gelaten, daar men haar bestaan zelfs niet vermoedde.

Daardoor ontstonden allerlei kunstmatige systemen en methoden, gegrond op zóó willekeurige beschouwingen, dat zij bijna door iederen auteur beginselwijzigingen ondergingen.

Het *sexueele systeem* van LINNAEUS, zoo vernuftig het is, vertegenwoordigt een algemeene *systematische indeeling* der planten; en de *entomologie* van FABRICIUS een bijzondere dito voor de insecten.

41

De *philosophie* der natuurwetenschappen heeft in den laatsten tijd haar bekende vorderingen moeten maken, om ons—tenminste in Frankrijk—te [7]overtuigen van de noodzakelijkheid het *natuurlijke systeem* te bestudeeren, d.w.z. in onze indeelingen de natuurlijke orde zelf te zoeken. Want deze is de eenige blijvende, onafhankelijke van alle willekeur en de aandacht des onderzoekers waardige.

Bij de planten is de natuurlijke methode uiterst moeilijk te volgen, door de nog duistere inwendige organisatie dier wezens en de mogelijke verschillen daarin bij de onderscheidene families. Intusschen heeft men na de geleerde onderzoekingen van Antoine Laurent de JUSSIEU een grooten stap gedaan naar het natuurlijke systeem in de botanie. Talrijke families zijn gevormd op het onderzoek der onderlinge betrekkingen. Maar ons rest nog een deugdelijke bepaling van de algemeene verhoudingen al dezer families onder elkaar en bijgevolg van de heele Orde. Het begin daarvan heeft men werkelijk gevonden, maar het midden en vooral het einde zijn nog aan willekeur ten prooi.

Met de dieren is het anders gesteld. Hun veel uitgesprokener organisatie in verschillende meer begrijpelijke stelsels heeft hun bewerking bevorderd. De natuurlijke Orde in het dierenrijk is dan ook tegenwoordig in hoofdtrekken vast en voldoende omlijnd. Alleen de grenzen der klassen, orden, families en geslachten zijn nog aan willekeur prijsgegeven. De onder de dieren opgestelde *systematische rangschikkingen* zijn nog slechts bijzondere, die bijvoorbeeld leden van één klasse betreffen, bijvoorbeeld van de *vogels* of *visschen*.

Bij de levende wezens zijn de determineer-kenmerken voor de natuurlijke betrekkingen van des te minder wezenlijken aard, hoe meer men afdaalt van het algemeene tot het bijzondere, en de ware Orde der natuur wordt zoo hoe langer hoe moeilijker herkenbaar.

De klassen. Men geeft den naam *klassen* aan de [8]algemeene hoofd-afdeelingen van een natuurrijk. Over de andere namen spreken we straks.

Hoe meer onze kennis vordert omtrent de betrekkingen tusschen de samenstellende elementen van een rijk, hoe beter en natuurlijker de opgestelde *klassen* zijn, als men met die betrekkingen rekening heeft gehouden. Desniettemin zijn zelfs tusschen de beste klassen de grenzen kennelijk kunstmatig. Zij ondergaan dan ook steeds willekeurige wijzigingen van den kant der auteurs, zoolang deze het niet eens zijn over zekere betreffende hulp-principes, en zich daaraan niet onderwerpen.

Zoo zullen dan, zelfs indien de natuurlijke Orde in een rijk volkomen bekend was, de op te stellen *klassen* altijd echt kunstmatige verdeelsels blijven.

Intusschen schijnen vooral in het dierenrijk verscheidene van die afdeelingen werkelijk door de natuur zelf geformeerd te zijn. En zeker zal men nog lang nauwelijks gelooven, dat de zoogdieren, vogels, enz. géén wèl onderscheiden, natuurlijke klassen zijn. En toch is dat slechts inbeelding en tegelijk een gevolg van de grenzen onzer kennis omtrent de bestaande of voormalige dieren. Hoe meer die voortschrijdt, hoe meer bewijzen verkrijgen we, dat de grenzen, zelfs van de meest-afgezonderd schijnende klassen, zich door onze nieuwe ontdekkingen zien uitgewischt. Zoo schijnen al de *vogelbekdieren* en *mieren-egels* het bestaan aan te duiden van overgangsvormen tusschen vogels en zoogdieren. Hoeveel zou de natuurwetenschap er niet bij winnen, als het groote Australische gebied, en nog verscheiden andere, ons beter bekend waren.

Als *klassen* de afdeelingen van den eersten graad zijn, volgt daaruit, dat *daarin* gevormde indeelingen zelf geen klassen kunnen zijn; want dat is klaarblijkelijk minder passend. Toch doet men dat wel. BRISSON heeft, in zijn *Ornithologie*, de klasse der [9]vogels in verschillende bijzondere "klassen" verdeeld. Gelijk overal de natuur aan wetten, zoo moet ook de wetenschap aan regels onderworpen zijn. Bij gebreke daaraan,—of als zij niet opgevolgd worden— blijven haar voortbrengselen onbestendig en haar doel gemist.

Moderne natuurkundigen hebben een verdeeling van een klasse in meerdere *onderklassen* ingevoerd, en anderen hebben dit denkbeeld zelfs toegepast op geslachten, zoodat er *sub-genera* gevormd werden. Weldra zal ons systeem onder-klassen, -orden, -families, -geslachten en -soorten rijk zijn. Dat is een onberaden misbruik dat de rangorde en eenvoud van indeeling vernietigt, door LINNAEUS in zijn voorbeeld gesteld en door ieder aangenomen. De verscheidenheid der tot een klasse behoorende dieren of planten is soms zoo groot, dat het noodig is, daaronder veel afdeelingen en onderafdeelingen op te stellen. Maar het belang der wetenschap vordert voor elk daarvan steeds den grootst mogelijken eenvoud, om de studie te vergemakkelijken. Dat belang laat al die afdeelingen toe, maar verzet zich tegen een eigen naam voor elk. Er moet een einde komen aan dat namenmisbruik, anders zou de nomenclatuur nog een moeilijker onderwerp worden, dan de dingen zelf, waar het om gaat.

De Orden. Den naam *orde* moet men geven aan de voornaamste afdeelingen van een klasse. En als deze zelf weer onder-verdeeling toelaten, zijn die onderdeelen geen *orden* meer. Die naam zou haar kwalijk passen.

Zoo is bijvoorbeeld de klasse der weekdieren gereedelijk in twee groote partijen te verdeelen, de eene met een kop, oogen enz. en zich voortplantend door paring, de andere zonder kop en oogen en paring. Deze *cephale* en *acephale* mollusken moeten dus als de twee orden van die klasse beschouwd worden. [10]Intusschen is elk daarvan in meerdere merkwaardige parten te deelen. Maar dat is nog geen reden om deze nu *orden* of zelfs *onder-orden* te noemen. Zij kunnen als secties beschouwd worden, als groote families, zelf voor onderverdeeling vatbaar.

Laat ons in onze hulpmiddelen den grooten eenvoud en rangorde bewaren, door LINNAEUS ingesteld. En laten we die orden voorzoover noodig in onderdeelen splitsen, zonder bijzondere benamingen.

De orden moeten geteekend zijn door belangrijke kenmerken, alle opgenomen leden betreffende. Maar men moet haar geen bijzondere naam geven, toepasselijk op die leden zelf. Hetzelfde moet 't geval zijn met de noodzakelijk onder de orden te formeeren secties.

De Families. Men geeft de naam *familie* aan systematische groepen, die eenerzijds kleiner zijn dan de (klassen en) orden, anderzijds grooter dan de genera. Maar hoe natuurlijk ook de families zijn door de onderlinge verwantschap van alle erin vervatte geslachten, toch zijn de haar afbakenende grenzen altijd kunstmatig. De natuurvorschers zullen dan ook door de verdere studie der natuurvoortbrengselen en het vinden van nieuwe families steeds hare grenzen wijzigen. De een verdeelt een familie in verscheiden nieuwe, de ander vereenigt er verschillende tot één, weer een ander voegt eraan toe en verschuift zoo de haar toegekende grenzen.

Als alle (*soorten* genoemde) rassen van een natuurrijk volmaakt bekend waren, en eveneens de ware betrekkingen tusschen elk daarvan alsmede tusschen de verschillende gevormde groepen, zoodat overal het werkelijk natuurlijk verband in de verdeeling der soorten tot stand gebracht ware, dan zouden de klassen, orden, secties, en geslachten families zijn van verschillende grootten. Want al die afdeelingen [11]zouden grooter of kleiner porties zijn der natuurlijke Orde. In dat geval zouden de grenzen daartusschen uiterst lastig zijn vast te stellen. Willekeur zou ze onophoudelijk doen varieeren en men zou het er slechts over eens zijn, voor zoover ze door gapingen duidelijk afgeperkt zijn.

Gelukkig voor de in te voeren kunstbegrippen zijn er nog zóóveel soorten dieren en planten onbekend—en daarbij vele wellicht voor altoos, wegens de ontoegankelijkheid van hun verblijfplaats of andere omstandigheden—dat de ontstane gapingen in de reeks, zoowel de dieren als de planten ons nog lang—wellicht voorgoed—de begrenzing der meeste afdeelingen zal mogelijk maken.

Gebruik en noodzaak vereischen voor elke familie en elk geslacht een eigen, toepasselijken naam. Daaruit volgt, dat de schommelingen in grenzen, uitbreiding en bepaling der families steeds nomenclatuur-veranderingen zullen veroorzaken.

De Geslachten. Men geeft den naam *geslacht* aan een vereeniging van soorten volgens hun onderlinge betrekkingen en stelt aldus kleine reeksen op, omschreven door willekeurig-gekozen grenzen.

Bij een goed genus gelijken alle bestreken soorten in de meest wezenlijke en talrijke trekken op elkaar, moeten natuurlijkerwijze naast elkaar geschikt worden en verschillende slechts onderling in min-gewichtige opzichten, maar voldoende ter onderscheiding.

Zoo zijn de goede geslachten inderdaad kleine *families*, d.w.z. werkelijke deelen der Natuurorde.

Maar gelijk de uitbreiding der als *families* betitelde reeksen gevarieerd worden door de auteurs, die willekeurig in de betreffende grondleggende normen afwijken, zoo zijn ook de grenzen der *genera* blootgesteld aan oneindige veranderingen, wijl zijlieden naar hun believen hun determineerkenmerken wijzigen. [12]En daar de geslachten elk een eigen naam vereischen en elke verandering in de genusbepaling bijna altijd naamswijziging meebrengt, zoo kan men moeilijk de schade berekenen, welke die eeuwige wijzigingen aan den voortgang der natuurwetenschappen toebrengen, hoe zij de synonymie overstelpen, de nomenclatuur overladen en de studie lastig en onaangenaam maken.

Wanneer zullen de natuurkenners zich aan algemeen overeengekomen beginselen onderwerpen, voor het opstellen van genera, enz. enz.? Maar, verleid door de natuurlijke betrekkingen, herkend tusschen de samengebrachte voorwerpen, gelooven zij bijna allen nog, dat de opgestelde *geslachten, families,orden* en *klassen* werkelijk natuurlijk zijn. Zij bedenken niet, dat weliswaar de goede reeksen, op grond der onderlinge betrekkingen opgesteld, werkelijk in de natuur bestaan, — als grooter of kleiner deelen harer Orde — maar dat de scheidingslijnen, noodwendig van afstand tot afstand te trekken om de Natuurorde in te deelen, daar geenszins zijn.

Bijgevolg zijn de geslachten, families, verschillende secties, orden en zelfs de klassen werkelijke *kunstbegrippen*, hoe natuurlijk de welgevormde series ook mogen zijn, die deze onderscheidene afdeelingen uitmaken. Ongetwijfeld is hun opstelling noodig en ze strekt klaarblijkelijk tot nut. Maar zij moet onderworpen worden aan overeengekomen en algemeen erkende regelen, opdat niet door voortdurend misbruik alle opgeleverde voordeel te loor ga.

De Nomenclatuur, het zesde kunstbegrip. Zoo noemt men het stelsel van namen, toegekend, zoowel aan de afzonderlijke voorwerpen (alle rassen of soorten) als aan de verschillende groepen daarvan (alle genera, families en klassen).

Tot duidelijke aanduiding van het voorwerp onzer nomenclatuur, — die slechts namen van soorten, [13]genera, families en klassen behelst — moet men haar onderscheiden van die eener ándere tak van wetenschap, de *technologie*, welke uitsluitend deelen van natuurproducten betreft.2

Stellig is de nomenclatuur in de natuurlijke historie een noodzakelijk kunstbegrip, om onze denkbeelden omtrent de waargenomen natuurvoortbrengselen vast te leggen en beide te kunnen overbrengen.

Gewis moet dit hulpmiddel, als alle andere, onderworpen worden aan overeengekomen en algemeen opvolgende regels. Weliswaar ontstaat het algemeene en beklagenswaardige misbruik hoofdzakelijk door de steeds talrijker verkeerde inkruipsels in de overige kunstbegrippen. Inderdaad ondergaat de *nomenclatuur* onbegrensde wijziging, doordat bij gebrek aan vaste regels voor de vorming van *geslachten*, *families* en *klassen* deze grootheden aan allerlei willekeur zijn blootgesteld. En de reeds zoo uitgebreide *synonymie* zal steeds aangroeien, en steeds minder zulk een fnuikende wanorde kunnen goed maken.

Dat was nooit geschied, indien men niet in aanmerking had genomen, dat alle in de serie van levende wezens te trekken scheidslijnen in wezen kunstmatig zijn, behalve voor zoover ze volgen uit nog openstaande gapingen. Maar men heeft dat niet bedacht. Men twijfelt dienaangaande zelfs niet, en tot op onze dagen hebben de natuurvorschers vrijwel niet anders beoogd, dan verscheidenheden tusschen de voorwerpen opstellen, wat ik hoop aan te toonen3. [14]

Ziedaar de gevolgen van het verzuim te onderscheiden tusschen het werkelijk-*kunstmatige* en het natuurlijke en van het feit, dat men zich niet beijverd heeft, passende regels te vinden, om de op te stellen afdeelingen minder willekeurig te bepalen. [15]

1 Nota bene (Vert.)

2 "Alle ontdekkingen en waarnemingen der natuuronderzoekers zouden in vergetelheid verzinken en voor de maatschappij verloren gaan, als de geobserveerde objecten niet elk een naam hadden gekregen, waarmee ze dadelijk zijn aan te duiden als men 't er over heeft." *Dictionaire de Botanique*, art. *Nomenclature*.

3 "Men heeft begrepen, dat een nauwkeurige bepaling [14n]van de eigenaardigheden van elk bereikbaar voorwerp der natuur noodzakelijk was, om ze ons ten gebruike te kunnen verschaffen. En daarom moest men hun verschillende kenmerkende bijzonderheden van samenstelling, vorm, afmeting enz. onderzoeken. Tot op zekere hoogte is men na gezette studie hierin geslaagd.

"Dit deel van den natuurwetenschappelijken arbeid is het meest gevorderd, sedert 1½ eeuw heeft men, en met reden, krachtige pogingen aangewend om het te volmaken, omdat het ons helpt bij kennisnemen van nieuw ontdekte dingen en ons herinneren van oude; en omdat het nu en later de kennis moet vastleggen van nuttig gebleken voorwerpen.

"Maar daar de natuurvorschers te veel den nadruk gelegd hebben op de scheidsmuren tusschen afdeelingen van het planten- en dierenrijk en zich bijna uitsluitend op één soort werk hebben toegelegd, zonder beschouwingen van uit het ware gezichtspunt en zonder onderling overleg, d.w.z. vóóruit beginselen overeen te komen voor de begrenzing van elk deel van die groote onderneming en voor elke determineering, zijn er tal van misbruiken binnengeslopen. Zoodat waar ieder willekeurig zijn normen wijzigde voor de *klassen*, *orden* en *genera*, en het publiek voortdurend talrijke verschillende classificaties worden voorgezet, ondergaan de geslachten onophoudelijke wijziging en veranderen de natuurvoortbrengselen als gevolg van dien gedachteloozen gang van zaken al maar van naam.

"Daardoor is de *synonymie* afschrikwekkend uitgebreid. Elken dag wordt de wetenschap duisterder, hult zij zich in schier onoverkomelijke moeilijkheden, en verkeert zich de best bedoelde poging van den mensch tot herkenning en onderscheiding van al het door de natuur ter waarneming en gebruik gebodene in een geweldig doolhof, waarin men terecht vreest, zich te begeven." *Discours d'ouverture du Cours de 1806*, p. 5 & 6.

Hoofdstuk II

Belang van een beschouwing over de natuurlijke overeenkomsten
en heeft onder de levende wezens den naam *overeenkomst* tusschen twee vergeleken voorwerpen gegeven aan trekken van analogie of gelijkenis, in hun geheel genomen, waarbij men inmiddels aan de gewichtigste de meeste waarde hecht. Hoe gelijkvormiger en omvattender ze zijn, hoe belangrijker zijn die onderlinge betrekkingen. Zij duiden een soort verwantschap aan tusschen de betreffende levende wezens en doen de noodzakelijkheid gevoelen ze in onze indeelingen volgens den graad hunner overeenkomst bijeen te plaatsen.

Welk een veranderden loop hebben de natuurwetenschappen niet genomen, sinds men ernstig is begonnen, aandacht te schenken aan de onderlinge overeenkomsten en vooral sinds men hun ware beginselen en waarde heeft vastgesteld. Vòòr deze verandering waren onze botanische indeelingen geheel ten prooi aan willekeur en aan mededinging onder de kunstmatige stelsels van alle schrijvers. En in het dierenrijk vertoonde de indeeling der ongewervelden — de meerderheid van alle bekende dieren — zeer heterogene verzamelingen, bijvoorbeeld onder den naam *insecten* of *wormen*, van zeer uiteenloopende, ver-verwante dieren.

Gelukkig is de stand van zaken in dit opzicht veranderd. Voortaan is men verzekerd van voortuitgang, bij de verdere studie der natuurlijke historie.

Een beschouwing der *natuurlijke overeenkomsten* verhindert elke willekeur van onzen kant bij de pogingen [16]tot een stelselmatige indeeling der levende wezens. Zij toont ons de natuurwet, die ons moet leiden in het natuurlijke systeem. Zij dwingt de natuurkenners tot accoord omtrent den toe te kennen rang aan de voornaamste samenstellende groepen van hun stelsel en voorts aan de bijzondere voorwerpen, waaruit die zijn opgebouwd. Ten slotte brengt zij hen tot het weergeven van de Orde zelve, die de natuur heeft gevolgd bij het voortbrengen van haar schepselen.

Zoo moet dan de overeenkomst tusschen de verschillende dieren ons voornaamste voorwerp van onderzoek zijn vóór elke indeeling of classificatie.

De betrekkingen, waarover wij het hier hebben, betreffen niet alleen die tusschen de soorten onderling, maar ook al de nauwere of meer verwijderde algemeene betrekkingen tusschen de verschillende vergeleken groepen.

Deze overeenkomsten, ofschoon — al naar het belang van de betreffende deelen — van zeer verschillenden graad, kunnen zich inmiddels tot de gedaante der uitwendige lichaamsdeelen uitstrekken. Als zij zoover gaan, dat niet slechts de in-, maar ook de uitwendige organen geen enkel aanwijsbaar verschil bieden, dan zijn de beschouwde voorwerpen individuen van dezelfde soort. Maar als, ondanks vèrgaande, wezenlijke overeenkomst, de uitwendige deelen voelbare verschillen vertoonen, dan zijn het onderscheidene soorten van eenzelfde geslacht.

Het belangrijke onderzoek naar de onderlinge betrekkingen bepaalt zich niet tot het vergelijken van klassen, families of zelfs soorten, maar omvat ook een behandeling van de samenstellende deelen der individuen. De vergelijking van gelijksoortige deelen met elkaar levert een gewichtig middel tot herkenning van specifieke overeenkomst of verschil tusschen de dieren. [17]

Men heeft namelijk opgemerkt, dat de verhouding en schikking der deelen van alle individuen van een soort of ras steeds dezelfde blijven. Men heeft daaruit terecht besloten, dat bij onderzoek van een paar afzonderlijke deelen is uit te maken, tot welke bekende of nieuwe soort deze behooren.

Dit middel bevordert zeer onze kennis der natuurvoortbrengselen in het tijdperk der waarneming. Maar de daaruit voortvloeiende determinaties kunnen slechts beperkten tijd geldig zijn, want van de rassen zelf verandert de toestand der deelen naarmate de op hen in werkende omstandigheden zelf zich belangrijk wijzigen. Daar die veranderingen zich uiterst langzaam en onmerkbaar voltrekken, schijnen de verhoudingen en schikkingen den waarnemer steeds onveranderlijk dezelfde. En als hij er ontmoet, die wèl afgeweken zijn, zoo meent hij, die die verandering niet heeft zien plaats grijpen dat de bemerkte verschillen altijd hebben bestaan.

Waar blijft het niettemin, dat men bij vergelijking van gelijksoortige deelen van verschillende individuen de meerdere of mindere overeenkomst tusschen die deelen gemakkelijk en zeker bepaalt, en ze bijgevolg herkent als te behooren tot individuen van dezelfde dan wel verschillende soort.

Slechts de algemeene gevolgtrekking gaat mank, als zijnde te overhaast opgesteld. Bij meer dan een gelegenheid zal ik dat in den loop van dit werk kunnen bewijzen.

De betrekkingen zijn steeds volledig, als zij slechts op de beschouwing berusten van een op zichzelf genomen deel. Maar niettemin is haar belang evenredig met het min of meer essentieele van het desbetreffende deel.

Er zijn dus graden in de bevonden overeenkomsten te bepalen en de belangrijkheid der betreffende deelen is van verschillende waarde. Deze kennis zou [18]waarlijk zonder toepassing en nut gebleven zijn, als men bij de levende wezens niet had leeren onderscheiden tusschen meer en minder wichtige deelen en als men bij de eerste niet het geëigende beginsel had gevonden om tusschen hen (niet-willekeurige) waarde-graden op te stellen.

Bij de dieren leveren de wezenlijke deelen voor instandhouding van het leven en bij de planten die voor de voortplanting de belangrijkste *overeenkomsten*.

Daarom zal men de onderlinge betrekkingen bij de dieren steeds voor alles naar de inwendige *samenstelling* bepalen en bij de planten naar de *voortplantings*organen. Maar daar beide deze gewichtigste deelen van verschillenden aard zijn, is het eenige passende middel, om hun belangrijkheid uit te maken: te onderzoeken, welk hunner van nature 't meest gebruikt wordt en het belang dier functie voor het betreffende dier.

Bij de dieren worden terecht drieërlei bijzondere soorten organen uitgezocht als de geschiktste voor het leveren der voornaamste overeenkomsten.

In volgorde van gewicht zijn zij:

1e. *De gevoelsorganen*: de zenuwen met een middelpunt van verbindingen, enkelvoudig (hersenen) of meervoudig (buikgangliekten).
2e. *De ademhalingsorganen*: de longen, kieuwen en tracheeën.
3e. *Het apparaat voor den bloedsomloop*: de slagaders en aders, meest met een middelpunt van werking: het *hart*.

De eerste twee dezer organen worden meer algemeen gebruikt door de natuur en zijn daardoor belangrijker dan het derde, want zij komen nog voor bij de twee klassen ónder de crustaceeën, terwijl het laatstgenoemde daar ontbreekt.

Van de twee eerstgenoemde winnen het weer de [19]gevoelsorganen in belang voor de onderlinge overeenkomsten, want zij veroorzaken de meest-typische dierlijke functies en zonder hen zou er geen spierbeweging plaats hebben.

Voor de gewassen, waar alleen de voortplantingsorganen punten van overeenkomst-bepaling geven, zou ik die deelen in volgorde van waarde aldus geven:

1. 1e. De kiem met toebehooren (zaadlobben, perisperm) en zaad.
2. 2e. De geslachtsdeelen der bloemen: de stamper en meeldraden.
3. 3e. De hulsels van deze: kroon, kelk, enz.
4. 4e. De vruchthulsels of pericarp.
5. 5e. De ongeslachtelijke voortplantingsorganen.

Deze beginselen geven aan de natuurwetenschap een ongekende duurzaamheid en houvast. De daarop gegronde betrekkingen zijn volstrekt niet onderworpen aan wisselvalligheden van opvatting. Onze algemeene indeelingen worden hechter, en naarmate wij ze met behulp dezer middelen volmaken, naderen zij meer en meer tot de Orde der natuur zelf.

Na het belang der verwantschap gevoeld te hebben, zag men inderdaad, vooral sinds de laatste jaren, pogingen opkomen tot 't opstellen van het z.g. *"natuurlijke systeem"* zijnde niets anders dan de door den mensch uitgestippelde schets van den gang der natuur bij het doen ontstaan harer schepselen.

Tegenwoordig moet men in Frankrijk niets meer hebben van die kunstmatige stelsels, gebaseerd op kenmerken, die strijden met de natuurlijke *betrekkingen* tusschen de betreffende wezens, en waarop berustende indeelingen schadelijk zijn voor den voortgang van onze natuurkennis.

Ten opzichte der dieren is men tegenwoordig terecht overtuigd, dat natuurlijke verwantschap alleen [20]uit hun organisatie bepaald kan worden. Bijgevolg zal de zoölogie het daarvoor verlangde licht meest aan de vergelijkende anatomen ontleenen. Maar het zij opgemerkt, dat wij voornamelijk de feiten uit hun werken moeten vergaren, en niet altijd de daaruit getrokken conclusies. Want maar al te dikwijls gaan deze van misleidende gezichtspunten uit, die ons zouden kunnen hinderen in het zien van de wetten en het ware plan der natuur. De mensch schijnt veroordeeld om bij elk nieuwontdekt feit te verdwalen in de aanwijzing van de oorzaak. Zoo vruchtbaar is zijn verbeelding in het scheppen van ideeën, waarbij hij dan al te zeer verzuimt zijn oordeel te doen leiden door algemeene samenvattende beschouwingen, die waarnemingen en andere feiten hem bieden kunnen.

Bij gereedelijke beoordeeling van de *natuurlijke betrekkingen* tusschen de voorwerpen, blijken de naar dat beginsel bij elkaar gegroepeerde soorten z.g. *geslachten* te vormen. De geslachten, op dezelfde wijze tot eenheden van hooger orde gerangschikt, stellen de *families* samen, deze op hun beurt *orden*, deze de hoofd-indeeling der *klassen* en zij weer die der *Rijken*.

Overal moeten dus de naar waarde geschatte natuurlijke betrekkingen ons leiden bij het opstellen van al die afdeelingen.

Men is gerechtigd, aan te nemen, dat een indeeling der heele reeks wezens van een Rijk op grond der onderlinge overeenkomsten de *natuurlijke Orde* zelf laat zien. Maar—gelijk ik in het vorige hoofdstuk heb aangetoond—moet men daarbij voor oogen houden, dat de verschillende om studie-redenen op te stellen afdeelingen volstrekt niet in de natuur voorkomen, maar inderdaad kunstmatig zijn, ofschoon natuurlijke deelen van die door de natuur ingestelde orde. [21]

Voeg daarbij, dat onder de dieren de verwantschap hoofdzakelijk naar de organisatie bepaald moet worden, en dat de hierbij toegepaste beginselen niet den minsten twijfel aan hun gegrondheid moeten laten, en men heeft bij alle beschouwingen een stevige basis voor de *zoölogische philosophie*.

Elke wetenschap moet immers haar philosophie hebben, en slechts op dezen weg kan zij ware vorderingen maken. Vergeefs zullen de natuuronderzoekers hun tijd besteden met het beschrijven van nieuwe soorten, en elke schakeering en kleine bijzonderheid gebruiken om de geweldige lijst van ingeschreven soorten te vergrooten, i.e.w., om op alle manieren genera op te stellen en hun normen voortdurend te wijzigen. Als de wijsbegeerte der wetenschap verwaarloosd wordt, zullen zij werkelijken vooruitgang derven en het heele werk onvoltooid blijven.

Eerst sinds het vaststellen der nauwere of meer verwijderde betrekkingen tusschen de verschillende natuurvoortbrengselen en hun afdeelingen heeft de natuurwetenschap eenige stevigheid van beginselen gekregen en een philosophie, die haar werkelijk tot dien rang verheft.

Welk een voordeel trekt onze systematiek niet elken dag ter harer volmaking uit de voortgezette bestudeering der overeenkomsten! Zoo heb ik daarbij bevonden, dat de *infusiediertjes* niet langer met de polypen in dezelfde klasse konden worden vereenigd; dat de *straaldieren* evenmin daarmee saamgesmolten mochten worden; en dat de geleiachtige dieren zooals de kwallen en naburige geslachten, die LINNE en BRUGUIERE zelfs onder de weekdieren plaatsten, wezenlijk dichter stonden bij de zeeëgels en daarmee een afzonderlijke klasse moesten vormen (†).

Voorts kwam ik bij die studieën tot de overtuiging [22]dat de *wormen* een afzonderlijke afdeeling vormden, zeer verschillend van de *straaldieren* en a fortiori van de *polypen*; dat de *spinachtigen* geen deel meer uitmaken konden van de klasse der insecten en dat de *rankpootigen* noch ringwormen noch weekdieren waren.

Tenslotte kon ik door genoemde studiën tal van wezenlijke verbeteringen aanbrengen in de afdeeling zelf der mollusken en bevond ik, dat de *pteropoden*, zeer verwant met—schoon gescheiden van— de gasteropoden, niet tusschen deze en de cephalopoden mochten geplaatst worden, maar tusschen de hun naburige koplooze en de buikpootige weekdieren in. Deze *pteropoden* toch hebben geen oogen, gelijk alle acephalen, en bijna geen kop, Hyalaea zelfs heelemaal niet. (Zie in hoofdstuk VII de bijzondere indeeling der Mollusca).

Zoodra bij de gewassen de studie der overeenkomsten tusschen de verschillende bekende families ons beter ingelicht zal hebben omtrent den rang, dien elk in de algemeene reeks moet innemen, zal ook hun indeeling geen plaats meer laten voor willekeur en meer gaan overeenkomen met de Natuurlijke Orde zelve.

Zoo zijn dan de onderlinge betrekkingen van zoo kennelijk belang, dat men haar bestudeering tegenwoordig moet beschouwen als de voornaamste voor de bevordering der natuurwetenschap.
[23]

Hoofdstuk III

Over de soort bij de levende wezens en het begrip daaraan te hechten

et is geen bagatel, nauwkeurig het begrip te bepalen, dat we ons te vormen hebben van z.g. *soorten* onder de levende wezens, en te onderzoeken, of inderdaad *soorten* absoluut standvastig zijn, dus even oud als de natuur zelf en alle van den aanvang af in hun tegenwoordigen toestand bestaan hebben; of zij niet, onderworpen aan mogelijke wijzigingen hunner omstandigheden, op de duur van karakter en vorm veranderd zijn, zij het ook uiterst langzaam?

De oplossing van deze vraag is niet alleen van belang voor zoölogie en botanie, maar ook voor de geschiedenis van den aardbol.

In een van de volgende hoofdstukken zal ik laten zien, dat elke soort onder den invloed van de haar langen tijd omringende omstandigheden, *gewoonten* heeft aangenomen, welke op haar beurt een omvormende werking hebben op de deelen van elk individu der soort, zoodat zij deze met zichzelf in overeenstemming brengen.

Laten wij echter eerst eens het bestaande *soort*-begrip in oogenschouw nemen.

Soort noemt men elke verzameling van overeenkomstige individus, die door huns gelijken zijn voortgebracht.

Deze bepaling is juist, want al wat leeft gelijkt steeds ten naaste bij op datgene, waaruit het voortkomt. Maar men voegt er de onderstelling aan toe, dat de een soort samenstellende eenheden nooit in specifieke kenmerken veranderen en de [24]*soort* bijgevolg in de natuur volkomen vast-staat.

Alleen tegen deze onderstelling wil ik den strijd aanbinden, wijl zékere waarnemingen ten duidelijkste haar ongegrondheid doen blijken.

De bijna algemeene aanname1 dat de *soorten* levende wezens door onveranderlijke kenmerken duurzaam onderscheiden zijn en hun aanzijn even oud is als de natuur zelf, werd opgesteld in een tijd, toen men nog niet voldoende had waargenomen en de natuurkennis nog vrijwel nihil was. Elken dag wordt zij echter gelogenstraft voor wie gereedelijk hun oogen den kost gegeven hebben, de natuur lang gadegeslagen en met vrucht de groote en rijke collecties hebben geraadpleegd in onze *Musea*.

Ieder, die zich veel met natuurlijke historie heeft beziggehouden, weet dan ook, dat tegenwoordig de natuurvorschers de grootste moeite hebben met de soortbepaling. In onwetendheid, dat *soorten* inderdaad slechts constant zijn ten opzichte "hunner" eigene omstandigheden zoolang deze duren, en dat sommige afwijkende individuen rassen vormen, overgaande in die van een naburige soort, bestempelen de systematici willekeurig sommige exemplaren in verschillende landen en levensvoorwaarden als variëteiten, andere als soorten. Daardoor wordt dat gedeelte van het werk, dat de soortbepaling betreft, met den dag gebrekkiger, d.w.z. verwarder en vol hindernissen.

Men heeft nu inderdaad reeds lang verzamelingen van individuen bemerkt, die in samenstelling hunner deelen zòò op elkaar lijken en van geslacht op geslacht zoolang men ze kent dezelfde blijven, dat men zich gerechtigd waande ze te beschouwen als vormende onveranderlijke *soorten*.

Daar men er intusschen geen acht op geslagen [25]heeft, dat de elementen van een soort zich zoo lang moeten bestendigen, als de hun levenswijze beïnvloedende omstandigheden zich niet in wezen wijzigden, en daar de heerschende vooroordeelen ingenomen waren met dat eeuwige "voortteelen van gelijke individuen", zoo heeft men de soorten onveranderlijk en even oud als de natuur geacht, elk afzonderlijk geschapen door den oppersten Veroorzaker van al het bestaande.

Ongetwijfeld bestaat er niets dan door den wil van den oppersten Schepper aller dingen. Maar kunnen wij hem regelen toekennen voor de uitoefening van zijn wil en de gevolgde wegen vaststellen? Heeft zijn oneindige macht niet een *orde der dingen* kunnen scheppen, die achtereenvolgens het aanzijn gaf aan alles, bekend en onbekend?

Waarlijk, hoe ook zijn wil geweest zij, de onmetelijkheid zijner macht is steeds dezelfde. En hoe deze opperste wil zich ook volvoerd moge hebben, niets kan er de grootte van verminderen.

Terwijl ik dus voor de besluiten van deze eeuwige wijsheid ontzag heb, beperk ik mij binnen de grenzen van een eenvoudig waarnemer der natuur. Indien ik dus op de wegen, waarlangs zij hare werken volvoert, iets aan den dag breng, zal ik, zonder vrees mij te vergissen, zeggen, dat 't den Schepper behaagd heeft, hetzelve zoo'n eigenschap en kracht toe te kennen.

Het *soort*-begrip, dat men zich gevormd had, was vrij eenvoudig en begrijpelijk en scheen bevestigd door de onderlinge vormgelijkenis der nakomelingen. Zoo is het nòg gesteld met zeer veel z.g. "soorten", die wij elken dag zien.

Intusschen, hoe meer onze kennis omtrent de verschillende organismen vooruitgaat, waarmee haast alle deelen van de aardoppervlakte bedekt zijn, hoe grooter wordt onze verlegenheid bij de [26]soortbepalingen en a fortiori bij de begrenzing en onderscheiding van geslachten.

Naarmate onze verzamelingen van natuurproducten rijker worden, zien we bijna alle open plaatsen zich vullen en onze scheidslijnen vervagen (†). Wij vinden ons bepaald tot willekeurige definities, die ons nu eens de geringste verschillen doet aangrijpen als kenmerken van een *soort*, dan weer van variëteiten.

Ik herhaal het, hoe rijker onze collecties, hoe meer de bewijzen, dat alles min of meer onderling is genuanceerd, de verschillen zich verdoezelen en de natuur ons meestentijds slechts ondergeschikte en soms zelfs kinderachtige bijzonderheden overlaat om onderscheidingen op te stellen.

Menig genus onder de planten en dieren is door de vele *soorten* zoo uitgebreid, dat hun bestudeering bijna ondoenlijk is geworden. Deze soorten toch,—in reeksen gerangschikt naar hun natuurlijke overeenkomst,—vertoonen zulke geringe verschillen met hun buren, dat zij in elkaar overgaan, eenigszins door elkaar loopen en met geen enkel middel hun kleine onderlinge verschillen onder woorden te brengen zijn.

Slechts zij, die zich lang en veel bezig hebben gehouden met de determineering van *soorten*—en rijke collecties hebben geraadpleegd—kunnen weten, hoezeer deze vloeiend in elkaar overgaan, en hoe hun hier en daar schijnbaar geïsoleerd voorkomen slechts veroorzaakt wordt door het ons nog ontbreken van andere, meer naburige maar nog niet verzamelde vormen.

Ik wil daarmee niet zeggen, dat de bestaande dieren een enkelvoudige en gelijkmatige reeks vormen, maar veeleer een onregelmatige vertakte serie zonder plotselinge overgangen tusschen de deelen—althans niet van huis uit, indien ze er al mochten [27]zijn door het verloren gaan van enkele soorten.

Daaruit volgt, dat de *soorten*, die elken tak van de algemeene reeks beëindigen, minstens aan een kant met andere, naburige soorten samenhangen. Ziedaar wat ik thans, door kennis van zaken vermag aan te toonen.

Ik heb geen enkele onderstelling noodig: ik roep alle waarnemende natuurvorschers tot getuigen.

Niet alleen vele geslachten, maar heele orden en soms zelfs klassen leveren ons reeds bijna volledige deelen van den aangeduiden toestand. Als men dan uit de volgens de natuurlijke verwantschap in reeksen gerangschikte *soorten* één uitkiest en een eind verderop weer één, dan zullen die twee soorten bij vergelijking groote verschillen vertoonen.

Zoo zijn wij eenmaal begonnen de meest voor de hand liggende natuurvoortbrengselen te zien. Toen waren de geslachts- en soortskenmerken gemakkelijk op te stellen. Maar bij onze tegenwoordige rijke verzamelingen zou men bij het vervolgen van bovengenoemde reeks tusschen die twee zoo uiteenloopende soorten van de eene schakeering vloeiend in de andere overgaan zonder opmerkelijke verschillen te ontmoeten.

Ik stel hier de vraag, welk ervaren zoöloog of botanicus is niet doordrongen van de grondslagen van het zoo juist uiteengezette?

Hoe kan men thans de *soorten* bestudeeren of bevredigend determineeren van die menigte polypen, straaldieren, wormen van allerlei orden en vooral onder de insecten, waar alleen reeds de geslachten der *dag-* en *nachtvlinders, motten, vliegen, sluipwespen, korenmotten, bokkevers, loopkevers* en *rozentorren* zooveel verwante soorten omvatten, die in allerlei schakeeringen vrijwel in elkander loopen?

Welk een menigte schelpen vertoonen ons niet [28]de weekdieren van alle landen en uit alle zeeën, die al onze onderscheidingsmiddelen uit-putten.

Als men opstijgt tot de visschen, kruipende dieren, vogels, zelfs tot de zoogdieren, overal zal men, behoudens nog aan te vullen gapingen, schakeeringen ontwaren, die naburige soorten en zelfs geslachten onder elkaar verbinden en vrijwel geen vat meer geven aan ons vernuft tot het opstellen van goede verschilpunten.

Laat niet de botanie in haar verschillende onderdeelen een volkomen overeenkomstigen stand van zaken zien? Welke moeilijkheden ondervindt men inderdaad tegenwoordig niet bij de studie en bepaling der species in de genera: *Lichen, Fucus, Carex, Poa, Piper, Euphorbia, Erica, Hieracium, Solanum, Geranium, Mimosa,* etc. etc.!

Toen men deze geslachten vormde, kende men er nog slechts een klein aantal soorten van, en was hun onderscheiding gemakkelijk. Maar tegenwoordig, nu bijna alle leemten er tusschen gevuld zijn, dalen onze soort-diagnosen noodwendig tot bijzonderheden af, en ook dat is nog dikwijls onvoldoende.

Laat ons, dit alles ter dege vastgesteld zijnde, eens zoeken naar de mogelijke oorzaken; of de natuur de middelen ertoe bezit, en of de waarneming ons ten dien opzichte verder heeft kunnen brengen.

Menigvuldige feiten leeren, dat naarmate de leden van een soort veranderen van standplaats, klimaat of levenswijze, zij daarvan invloeden ondergaan, die gaandeweg de gesteldheid en verhoudingen hunner deelen, hun vorm, functies, ja zelfs hun samenstelling wijzigen, zoodat mettertijd hun heele wezen deelt in de ondergane veranderingen.

In hetzelfde klimaat doen eerst de verschillen in plaatselijke omstandigheden de eraan blootgestelden varieeren. Maar allengs brengen deze voortdurende [29]invloeden bij de groepsgewijze onder dezelfde levensvoorwaarden zich voortplantende individuen afwijkingen teweeg, die c.q. van essentieel belang worden; zoodat na talrijke opvolgende geslachten de *soort* tenslotte in een nieuwe omgevormd is, van de eerste onderscheiden.

Als bijvoorbeeld de zaden van een gras of andere vochtige-weide-plant altemet naar de helling van een naburigen heuvel worden overgebracht, waar de grond, schoon hooger gelegen, nog frisch genoeg is om de plant te doen voortbestaan; als zij vervolgens, na vele generatiën hoe langer hoe verder een droge en bijna dorre berghelling bestijgt en ze slaagt erin, zich te handhaven en voort te planten; dan zal ze zóó veranderd zijn, dat de botanici er een aparte *soort* van zullen maken.

Hetzelfde gebeurt met de dieren, door omstandigheden gedwongen te veranderen van klimaat, levenswijs en gewoonten. Maar de genoemde oorzaken eischen ten hunnen aanzien nog meer tijd dan bij de planten, om noemenswaardige wijzigingen teweeg te brengen.

De opvatting van hen, welke onder den naam *soort* een verzameling gelijksoortige wezens samen vatten, die zichzelf-gelijkblijvend voortplanten en wier bestaan als zoodanig dus van dezelfde stonde dagteekent als dat der natuur zelve, achtte het onmogelijk, dat exemplaren, tot twee verschillende soorten behoorende, zich zouden kunnen vermaagschappen.

Ongelukkig heeft de waarneming tot op heden geleerd, dat deze beschouwing geenszins gegrond is. Want de onder de planten zoo veelvuldige bastaarden en de zoo vaak bij de dieren opgemerkte paringen tusschen individuen van zeer verschillende *soorten* doen zien, dat de gewaande vaste grenzen tusschen die soorten niet zoo stevig waren als men wel dacht. [30]

Weliswaar hebben veelal zulke singuliere paringen, vooral als zij heel ongerijmd zijn, geen resultaat; althans zijn de nakomelingen in het algemeen onvruchtbaar. Maar anderzijds weet men, dat in het geval van elkaar nader staande ouders deze gebreken zich niet voordoen. Langs dezen weg zijn dan ook inderdaad variëteiten te teelen, die ten slotte rassen worden, en mettertijd z.g. "soorten". (N.B.!, vert.)

Laten wij, om te beoordeelen, of het *soort*-begrip eenigen waren grond heeft, terugkomen op onze reeds uiteengezette beschouwingen. Zij doen ons zien:

1e. Dat alle organismen van den aardbol in veel tijds letterlijk door de natuur zijn voortgebracht.

2e. Dat de natuur tot op heden steeds begonnen is met het vormen van de eenvoudigste organismen, en deze slechts langs directen weg; ik bedoel: die eerste beginselen van organisatie, die men *generatio spontanea* noemt.

3e. Dat, waar die eerste beginselen van dier en plant gevormd zijn in passende plaatsen en omstandigheden, de functies van het beginnend leven en de organische bewegingen allengs noodwendig de organen ontwikkeld en mettertijd gedifferentieerd hebben2.

4e. Dat de aan de eerste levensuitingen van het organisme in allen deele inhaerente groeikracht het aanzijn heeft gegeven aan de verschillende wijzen van vermenigvuldigen en voortplanting, en dat daardoor de verkregen vooruitgang in bewerktuiging, vorm en verscheidenheid der deelen bewaard is gebleven.

5e. Dat op den langen duur met behulp van de (natuurlijk gunstige) omstandigheden, van de veranderingen, [31]door alle punten van het aardoppervlak ondergaan, i.e.w. van de macht van nieuwe standplaatsen en gewoonten tot wijziging der organen, álle thans levende wezens onmerkbaar tot hun tegenwoordige gedaante gevormd zijn.

6e. Dat tenslotte, daar de levende lichamen elk voor zich in gelijken trant zekere veranderingen in organisatie ondergaan hebben, ook de z.g. *"sóórten"* onmerkbaar en achtereenvolgens aldus gevormd zijn, slechts een betrekkelijke standvastigheid hebben, en niet even oud als de natuur kunnen zijn.

Maar,—zal men zeggen,—zou men van deze onderstellingen niet weerhouden worden alleen al door de beschouwing van de bewonderenswaardige verscheidenheid in *instincten* der verschillende dieren en al de wonderen hunner *vaardigheid*?

Wie zou zijn stelsel zóó ver durven doorvoeren, te zeggen, dat de natuur alléén die verbazend veelvoudige middelen, listen, handgrepen, voorzorgen en geduld geschapen heeft, waarvan de *bouwkunst* der dieren ons zooveel voorbeelden levert? Is alleen wat wij ten dien aanzien bij de *insecten* waarnemen niet reeds duizend maal voldoende om ons te doen gevoelen, dat de grenzen der natuurmacht haar volstrekt niet veroorloven, zooveel voortreffelijks motu proprio voort te brengen en den hardnekkigsten philosooph te overtuigen, dat hiervoor alleen de wil van den oppersten schepper aller dingen noodig en volmachtig is geweest?

Zonder twijfel zou het een stoutmoedige of liever geheel waanzinnige bewering zijn, grenzen toe te kennen aan het vermogen van den eersten Alveroorzaker. Maar daarom valt nog niet te ontkennen, dat die oneindige macht bepaalde dingen heeft kunnen willen, waarvan we in de natuur de kennelijke teekenen zien. [32]

Laat dit zoo zijn; als ik zie, dat de *natuur* zelf de genoemde wonderen, de organismen met leven en gevoel voortbrengt; dat zij hun organen en functies op ongekende schaal heeft vermenigvuldigd; dat zij alleenlijk door middel der gewoontevormende *behoeften* de bron heeft geschapen van alle handelingen en vermogens (vanaf de eenvoudigste tot aan het *instinct, schranderheid* en tenslotte *oordeel*), moet ik dan niet in dat kunnen der natuur, in de Orde der dingen erkennen: de uitvoering van des verhevenen Scheppers wil, dat de natuur dat vermogen zou hebben?

Zal ik minder de grootheid van die eerste Oorzaak van alles bewonderen, als het haar behaagd heeft, aldus te handelen, dan indien zij zich voortdurend door wilsdaden bezig hield met de details van alle bijzondere scheppingen, veranderingen, ontwikkelingen, verstoringen en vernieuwingen, i.e.w. met alle wijzigingen, die zich algemeen in het bestaande voltrekken?

Ik hoop dan ook te bewijzen, dat de natuur de middelen heeft, om zelf datgene voort te brengen, wat we in haar bewonderen.

Intusschen werpt men nog tegen, dat al wat men ziet bij de levende wezens van een onveranderlijke vormbestendigheid getuigt. En men denkt, dat alle dieren, wier geschiedenis sinds 2-3000 jaar ons overgeleverd is, steeds dezelfde zijn, niets verloren noch gewonnen hebben in volmaking en vorm hunner organen.

Terwijl die schijnbare standvastigheid sinds lang voor een feitelijke waarheid doorgaat, heeft men haar zoo juist nog bijzonderlijk trachten te bewijzen in een Rapport over de door GEOFFROY in Aegypte verzamelde natuurhistorica. De rapporteurs drukken zich als volgt uit:

"De collectie heeft vooreerst dit eigenaardige, [33]dat zij om zoo te zeggen dieren van alle eeuwen bevat. Reeds sinds lang wenschte men te weten, of de soorten mettertijd van vorm veranderen. Deze schijnbaar beuzelachtige vraag is niettemin van wezenlijk belang voor de geschiedenis van den aardbol en daardoor voor de oplossing van duizend andere, die te maken hebben met de ernstigste voorwerpen van menschelijke vereering.

"Nooit was men beter in de gelegenheid, haar uit te maken voor een groot aantal merkwaardige soorten en nog duizenden andere. Het schijnt, alsof het bijgeloof der oude Aegyptenaren geïnspireerd ware door de natuur om een monument van haar geschiedenis achter te laten".

"Men kan," zoo vervolgt het rapport, "de vlucht zijner verbeelding nauw meester worden, als men die volkomen herkenbare dieren ziet, met de kleinste beentjes en haartjes nog bewaard, die 2-3000 jaar geleden in Thebe of Memphis hun eigen priesters en altaren hadden... Maar zonder ons te verliezen in al die gedachten daarover willen we ons bepalen tot het resultaat uit dat deel der verzameling van GEOFFROY, dat deze dieren volmaakt overeenkomen met die van tegenwoordig"3.

Ik verwerp niet de volkomen overeenstemming van die dieren met de leden van dezelfde, thans levende soorten in dat land. Het zou ook vreemd zijn, als 't anders ware. Want ligging en klimaat van Aegypte zijn nog thans ten naaste bij dezelfde als destijds. Zoodat dus de nòg onder gelijke omstandigheden levende vogels er niet gedwongen kunnen zijn, hun gewoonten te veranderen.

Voorts, wie voelt er niet, dat de vogels, die zich zoo makkelijk kunnen verplaatsen en passende [34]kwartieren opzoeken, minder dan menig ander dier onderworpen zijn aan de verschuivingen in locale omstandigheden, en daardoor minder in hun gewoonten belemmerd.

Inderdaad is er in de zoo juist meegedeelde waarneming niets strijdigs met mijn eigen desbetreffende beschouwingen, of een bewijs, dat die dieren altijd in de natuur zouden bestaan hebben. Ze toont slechts aan, dat zij 2-3000 jaar geleden in Aegypte leefden. En een iegelijk, die éénigszins gewend is, na te denken en daarbij de gedenkteekenen gade te slaan getuigende voor den hoogen ouderdom der natuur, zal gereedelijk een tijdsverloop van 2-3000 jaar in dat verband naar waarde weten te schatten.

Voorzeker zal ook altijd de schijnbare *standvastigheid* van de dingen der natuur door den gemeenen man voor de *werkelijkheid* worden gehouden, omdat men in het algemeen over alles slechts oordeelt in verhouding tot zichzelf.

Voor den mensch,—die zijn opvattingen hieromtrent altijd grondt op de door hemzelf bemerkte veranderingen,—zijn de tusschenpoozen tusschen die mutaties *toestanden* van oogenschijnlijk onbepaalde *bestendigheid*, door den korten levensduur der individuen van zijn soort. Daar ook de annalen zijner waarnemingen en feiten, in kronieken geboekstaafd, zich slechts uitstrekken over eenige duizenden jaren,—een langen duur voor hem zelf, maar uiterst kort in verhouding tot de aeonen, waarin zich de groote veranderingen van de aardkorst voltrekken,—schijnt alles op zijn planeet hem *duurzaam* toe, en is hij geneigd tot afwijzen van de teekenen, welke de rond hem opgehoopte of in den grond onder zijn voeten begraven monumenten hem overal vertoonen.

Grootheden in ruimte en tijd zijn betrekkelijk. Laat de mensch zich deze waarheid goed voor den [35]geest houden, en hij zal zich wat inbinden in zijn beslissingen ten opzichte van de *duurzaamheid* in de natuur.4

De bewijzen voor de onmerkbare veranderingen der soorten en exemplaren, naarmate ze worden gedwongen tot wijzigen hunner gewoonten of aannemen van nieuwe, zijn niet alleen beperkt tot de beschouwing van de—al te kleine—overzienbare tijdruimten. Want daarenboven wordt de onderhavige quaestie op 't zeerst verduidelijkt door een schat van waarnemingen gedurende tal van jaren verzameld. En ik kan zeggen, dat onze feitenkennis tegenwoordig te ver is voortgeschreden, dan dat de gezochte oplossing niet voor de hand zou liggen.

Behalve dat wij de invloeden en gevolgen van de heteroclite bevruchting kennen, weten wij thans bijv. beslist, dat een straf volgehouden verandering in verblijfplaats en levensgewoonten bij de dieren na voldoenden tijd een zeer opmerkelijke omvorming der betreffende exemplaren teweegbrengt.

Een vrijelijk in de vlakte levend en voortdurend rondrennend dier, en een vogel, wiens nooddruft hem steeds over groote afstanden de lucht doet doorklieven, ondergaan bij opsluiting in dierentuin, stal, kooi of hoenderpark mettertijd opmerkelijke afwijkingen, vooral na een reeks geslachten in hun nieuwen staat.

Het eerste dier verliest er grootendeels zijn licht- en vlugheid; zijn lichaam wordt dik, zijn leden verliezen aan kracht en lenigheid en zijn eigenschappen zijn niet meer dezelfde. Het tweede wordt log en vleezig in allen deele en kan bijna niet meer vliegen.

In het 6e hoofdstuk van dit eerste deel zal ik gelegenheid hebben, met welbekende feiten te bewijzen, dat afwijkende *omstandigheden* het vermogen [36]bezitten, om den dieren nieuwe behoeften bij te brengen en tot nieuwe *handelingen* te voeren; dat *déze* nieuwe *gewoonten* en *neigingen* meebrengen, het meer of minder veelvuldige gebruik van een of ander orgaan hetzelve weer wijzigt, hetzij door versterking, ontwikkeling en uitbreiding, hetzij door verzwakken, vermageren, en het per-slot zelfs doet verdwijnen.

Bij de gewassen zal men een dergelijken invloed zien van nieuwe omstandigheden op hun levenswijze en den toestand hunner deelen. Zoodat men bij de reeds lang door ons gekweekte niet over de veroorzaakte omwenteling verwonderd zal zijn.

Zoo laat, gelijk reeds opgemerkt, de natuur ons strikt genomen slechts op- en uit elkaar volgende individuen zien; *soorten* echter zijn slechts tijdelijk onveranderlijk.

Om de bestudeering en kennis van zooveel verschillende voorwerpen te vergemakkelijken is het niettemin nuttig, den naam *soort* te geven aan elke verzameling van overeenkomstige enkelingen die zich in dezelfde gedaante voortplanten zoolang hun omstandigheden niet voldoende gaan afwijken om ook hun gewoonten, eigenaardigheden en vorm te wijzigen.

Over de zoogenaamde uitgestorven soorten

Het is nog steeds een vraag voor mij, of de middelen, door de natuur gebruikt om het bestaan aan haar soorten en rassen te verzekeren, zóó onvoldoende zijn geweest, dat sommige van hen thans geheel zouden zijn vernietigd of uitgestorven.

Intusschen vertoonen ons de op zoo verschillende plaatsen in den grond begraven overblijfselen de resten van een menigte verschillende dieren, waarvan slechts een zeer klein deel met de ons bekende, thans levende volkomen overeenstemmen. [37]

Kan men daaruit nu met eenigen schijn van grond besluiten, dat die fossiele soorten niet meer bestaan in de natuur? Er zijn nog zooveel deelen van het aardoppervlak niet bezocht, zooveel andere, waar vorschende blikken de natuur slechts terloops opnamen, en nog andere, zooals verschillende deelen van den zeebodem, wiens dierlijke bewoners we niet vermogen te verzamelen, dat de onbekende soorten wel door deze oorden geherbergd zouden kunnen worden (†).

Als er werkelijk soorten zijn verloren gegaan, dàn waarschijnlijk slechts onder de groote dieren uit de land-streken van onzen aardbol, daar waar de mensch door zijn absolute heerschappij alle exemplaren heeft kunnen dooden van die species, die hij niet heeft willen bewaren of temmen. Daardoor is het mogelijk, dat de geslachten *Palaeotherium, Anoplotherium, Megalonyx, Megatherium, Mastodon* van CUVIER en eenige andere soorten van reeds bekende genera niet meer in de natuur bestaan. Intusschen is dat ook eenvoudig niet meer dan een mogelijkheid.

Maar de dieren, die leven in den boezem der wateren, vooral in zee, en bovendien alle kleinere soorten te land, welke lucht ademen, zijn beveiligd tegen uitdelging door den mensch. Zij vermenigvuldigen zich zoo snel, en de middelen om zich aan zijn vervolging en hinderlagen te onttrekken zijn van dien aard, dat hij naar allen schijn een van die soorten niet totaal kan uitroeien (†).

Dus *kunnen* slechts de grootste soorten landdieren blootstaan aan verdelging van de zijde des menschen, ofschoon dit feit nog niet volledig bewezen is.

Niettemin behooren er onder de, van zoovele dieren gevonden, fossiele overblijfselen een groot aantal tot soorten, wier volkomen overeenkomstige [38]levende analoga niet bekend zijn. De meeste van hen zijn weekdieren met schelpen, welke laatste ons dan ook alleen zijn overgebleven.

Omdat nu veel van die fossiele schelpen verschillen vertoonen, waardoor men meent ze niet gelijk te mogen stellen met naburige, levende, zijn het daarom noodwendig uitgestorven soorten?

Waarom zouden die verloren gegaan zijn, waar de mensch hun uitroeiïng niet heeft kunnen bewerkstelligen? Ware het in tegendeel niet mogelijk, dat die bedoelde fossielen nog bestonden, maar tot de tegenwoordig levende, naburige soorten waren omgevormd? (†). De volgende beschouwingen en opmerkingen maken dit vermoeden zeer waarschijnlijk.

Elk welingelicht waarnemer weet, dat niets op aarde in denzelfden toestand verhardt. Alles ondergaat er mettertijd meer of minder ingrijpende wijzigingen, al naar den aard van het voorwerp, en zijn omstandigheden. Hooggelegen plaatsen verlagen zich onophoudelijk door de wisselende inwerking van zonneschijn, regen en nog andere oorzaken; al wat ervan loslaat wordt meegesleurd naar de diepten. Rivier- en zeebeddingen veranderen van gedaante en diepte en verplaatsen zich onmerkbaar. I.e.w. alles hier op aard is onderhevig aan beurtwisselingen in ligging, gestalte en aanzicht, en zelfs de klimaten der verschillende landstreken zijn niet standvastig.

Waar nu,—gelijk ik zal beproeven aan te toonen,—afwijkende omstandigheden voor de levende wezens (en vooral voor de dieren) veranderingen in behoeften, gewoonten en levenswijzen meebrengen; en waar deze wijzigingen de organen en hun deelen ombouwen of ontwikkelen, zoo gevoelt men wel, dat elk levend wezen zachtjes aan varieeren moet, vooral in de uitwendige deelen of kenmerken, ofschoon dat eerst na gereeden tijd merkbaar wordt. [39]

Men zij dus niet al te zeer verwonderd, dat onder de talrijke fossiele resten uit alle landen der wereld van zoovele eertijds bestaande dieren, er zoo weinige zijn, waarvan we de levende analoga kennen.

Integendeel, het meest verwonderlijk is nog, onder die menigvuldige fossiele overblijfselen van weleer eenige te ontmoeten, wier representanten nog heden bestaan. Dit feit, door onze palaeontologische verzamelingen bewezen, doet ons vermoeden, dat juist deze de jongste zijn. Zij hadden buiten twijfel nog geen tijd gehad, van gedaante te veranderen.

De onderzoekers, die de waarnemingen omtrent de fossielen wilden verklaren alsmede de omwentelingen op verschillende punten van de aardkorst hebben, — onbewust van de afwijkingen, die de dieren mettertijd meestal ondergaan, — ondersteld, dat een *algemeene aardramp* had plaats gehad, die alles 't onderst boven gekeerd en de toenmaals bestaande soorten grootendeels vernietigd had.

Jammer genoeg, dat dit gemakkelijke redmiddel uit de moeilijkheid bij een poging tot verklaren der onbegrepen natuurverschijnselen slechts grondt in de verbeelding, en door geen enkel bewijs gestaafd wordt.

Plaatselijke catastrophen, veroorzaakt bijv. door aardbevingen, vulcanen en andere bijzondere oorzaken zijn voldoende bekend en in de daardoor geteisterde streken heeft men verdervingen kunnen aanschouwen.

Maar waartoe een onbewezen *algemeene wereldramp* aan te nemen, als het beter bekende verloop der natuur in allen deele voldoende rekenschap geeft van hare feiten? Als men overweegt, dat eenerzijds de natuur niet plotseling werkt en zij [40]overal bedachtzaam en stap voor stap tewerk gaat, en anderzijds de bijzondere of plaatselijke oorzaken der verstoringen, omwentelingen en ontzettingen den ganschen aanblik onzer aarde kunnen verklaren—en nochtans onderworpen zijn aan hare wetten en algemeenen loop, — zoo zal men—de onderstellingen—als onnoodig—verwerpen, dat een wereldramp een groot deel van de eigen werken der natuur is komen opbreken en verwoesten.

Hiermee genoeg over een onderwerp, dat licht ware uit te breiden; beschouwen wij thans de algemeene en wezenlijke eigenschappen der dieren. [41]

1 De vertaler verontschuldigt zich voor eenige bewustelijk gebruikte germanismen.

2 Emend. MARTINS gevolgd. (cf. A. Lang).

3 *Annales du Mus. d'Hist. Natur.* vol. I, p. 235–236.

4 Zie "*Recherches sur les corps vivans,*" aanhang, p. 141.

Hoofdstuk IV

Algemeene opmerkingen over de dieren

n de dieren hebben wij levende wezens, in het algemeen zeer opmerkelijk door eigenschappen, die onze bewondering en bestudeering overwaard zijn. In gestalte, samenstelling en vermogens oneindig verschillend, zijn ze in staat om zich—althans met sommige deelen—te bewegen, zonder een stuwkracht van buiten af maar door een *prikkelende oorzaak*, (bij den één 'n inwendige, bij den ander een uitwendige.) Meerendeels kunnen ze van plaats veranderen en alle bezitten ze bepaalde, bij uitstek prikkelbare deelen.

Men ziet, hoe bij verplaatsing de een kruipt, loopt, rent of springt, de ander zich op vleugelen in de lucht verheft en de ruimte doorkruist, weer andere rondzwemmen in den schoot van het water waarin zij leven.

Daar de dieren niet—gelijk de planten—voedsel onder hun naaste bereik vinden,—de roofdieren zelfs hun buit moeten opzoeken en vervolgen—werd het vermogen tot bewegen en verplaatsen vereischt om zich het noodige voedsel te kunnen verschaffen.

Daar voorts de dieren geen tweeslachtigheid vertoonen zoodanig, dat zij aan zich zelf genoeg zouden hebben (†), was het voor de voortplanting noodzakelijk, zich te kunnen verplaatsen tot het volvoeren der bevruchting en ook, dat de omgeving de mogelijkheid daartoe vergemakkelijkte voor die dieren, welke, als de *oesters*, niet van plaats kunnen veranderen.

Aangezien dus dit vermogen tot beweging en verplaatsing in het belang was van hun eigen [42]voortbestaan en dat van de soort is het door de behoeften aangeworven en verkregen.

In het tweede deel zullen wij den oorsprong zoeken van die merkwaardige eigenschap en nog van de belangrijkste overige. Maar intusschen zullen wij omtrent de dieren de volgende voor de hand liggende opmerkingen maken.

1e. Dat sommige zich slechts geheel of gedeeltelijk bewegen nadat hun prikkelbaarheid is opgewekt, nochtans geen enkele gewaarwording ondervinden en dat van "wil" geen sprake kan zijn. Dit zijn de meest onvolkomene.

2e. Dat andere dieren daarenboven in staat zijn tot het ondervinden van gewaarwordingen, en ze innerlijk een zeer duister besef van hun bestaan hebben, doordat ze slechts handelen door de inwendige aandriften van begeerten die hen drijven tot een of ander voorwerp, zoodat hun wil steeds afhankelijk meezwalkt.

3e. Dat weer andere niet alleen bovengenoemde bewegingen en gewaarwordingen vertoonen, maar bovendien in staat zijn tot het vormen van, zij het nog vage, voorstellingen, en hun handelen door een wil overheerst wordt, nochtans onderworpen aan aandriften, die hen nog uitsluitend tot bepaalde voorwerpen voeren.

4e. Dat ten slotte de meest volmaakte dieren in hooge mate alle vorige eigenschappen vertoonen maar zich bovendien verheugen in het vermogen tot heldere en nauwkeurige voorstellingen over de voorwerpen, die hun zinnen hebben beroerd en hun aandacht getrokken, ja, die voorstellingen tot op zekere hoogte vergelijken, combineeren en tot samenstellingen en oordeelen verwerken; i.e.w. zij kunnen denken en hun minder zwaar gekluisterde wil veroorlooft hun meer verschillende handelingen te volbrengen. [43]

Bij de laagste dieren zijn de levensacties schier zonder energie en alleen de *prikkelbaarheid* is genoeg voor de uitvoering der vitale bewegingen. Maar vermits de levensenergie aangroeit met het samengestelder worden van het organisme komt er een oogenblik, dat hetzelve, om zich met de noodige snelheid te kunnen roeren, grooter middelen van noode heeft. Daartoe is de spierwerking bij den bloedsomloop toegepast, waarvan een aanjaging van den sapstroom het gevolg was. Deze is vervolgens aangewakkerd in verhouding tot de ervoor aangewende spierkracht. Daar tenslotte geen enkele spier kan arbeiden zonder nerveusen influx, zoo is deze laatste overal noodig bevonden voor de betreffende stroomversnelling.

Aldus heeft de natuur aan de—onvoldoende geworden— prikkelbaarheid de spier- en zenuwwerking weten toe te voegen. Schoon de eerste door de laatste wordt opgewekt, geschiedt dat nooit langs den weg van het gevoel. In het tweede deel hoop ik dan ook aan te toonen, dat gevoeligheid volstrekt niet noodig is voor de uitvoering van vitale bewegingen, zelfs niet bij de hoogste dieren.

Zoo zijn dan de verschillende bestaande dieren niet alleen door bijzonderheden van uitwendigen vorm, lichaamsgesteldheid, formaat, enz. kennelijk van elkaar onderscheiden, maar ook door de vermogens, waarmee zij zijn begiftigd. Sommige—de minst volkomene—zijn in dit opzicht het meest beperkt, geen andere dan de typische levens-functies vertoonende en zich niet bewegende dan door een kracht buiten henzelf; daarentegen nemen van andere de vaardigheden allengs in getal en volledigheid toe, totdat zij bij de meest volkomene een bewonderenswaardig geheel vertoonen.

Deze feiten verbazen ons niet langer, als we [44]eenmaal erkend hebben, dat elke verkregen eigenschap het gevolg is van een bijzonder orgaan of orgaanstelsel en dat vervolgens van het laagste tot het hoogste dier het organisme geleidelijk samengestelder wordt, zoodat al die lichaamsdeelen, tot de belangrijkste toe, achtereenvolgens ontstaan op de verschillende trappen van het dierenrijk, en dan gaandeweg worden door de ondergane wijzigingen, die hen aanpassen aan den toestand van het betreffende organisme en zij eindelijk door hun samenspel in de hoogere dieren die zoozeer gecompliceerde bewerktuiging vormen, waarvan de meest verscheidene en opperste functies het gevolg zijn.

De beschouwing van de inwendige samenstelling der dieren en haar verschillende systemen, en van de onderscheidene bijzondere organen moeten dus voornamelijk onze aandacht richten bij de studie der dieren.

Zijn de dieren als natuurvoortbrengselen reeds bij uitstek onderscheiden door hun beweeglijkheid, nog meer zijn ze het door gevoeligheid.

Maar evenals de eerste nog zeer beperkt en onwillekeurig is bij de laagste dieren en slechts tot stand komt door prikkels van buiten af, maar, bij het volmaakter worden, ten slotte in het dier zelf—aan zijn wil onderworpen—ontspringt, zoo is ook het gevoel in zijn aanvang nog zeer duister en begrensd en roept vervolgens, bij verder voortschrijdende ontwikkeling, op zijn hoogtepunt in de dieren de elementen van het verstand in 't leven.

Inderdaad hebben de hoogere dieren eenvoudige en zelfs meer samengestelde voorstellingen, hartstochten, geheugen, ja zij dróómen,—d.w.z. dat die voorstellingen ongewild kunnen terugkomen—en ze zijn tot op zekere hoogte vatbaar [45]voor africhting. Is dat geen merkwaardige uitkomst van de macht der natuur?

Aan een levend wezen het vermogen te geven, zich zelfstandig te bewegen, de wereld buiten zich waar te nemen, er zich voorstellingen van te vormen door de ontvangen indrukken met andere te vergelijken en ook die voorstellingen weer te vergelijken en samen te stellen en zich een óórdeel te vormen, (d.i. een voorstelling van andere orde) i.e.w. te *denken*, dat is niet alleen het grootste wonder, waartoe de natuur-kracht heeft kunnen komen, maar bovendien bewijst 't de noodzakelijkheid van een aanzienlijk tijdsverloop, daar de natuur alles geleidelijk tot stand brengt.

Vergeleken met de tijdperken, die wij bij onze gewone berekeningen làng noemen, is er ongetwijfeld een enorme tijd en een aanmerkelijke opvolgende variatie van omstandigheden noodig geweest om de organisatie tot dien graad van samengesteldheid en ontwikkeling te hebben kunnen opvoeren, die wij bij de meest volmaakte dieren zien. En waar reeds de talrijke verschillende lagen, waaruit de aardkost bestaat, een stellig getuigenis zijn van haar hoogen ouderdom, en waar de zeer langzame maar aanhoudende verplaatsingen der zeebekkens,—bewezen door vele sporen, die zij op hun weg hebben achtergelaten—, dezen ouderdom nog bevestigen, zoo draagt een beschouwing van de door de hoogste organismen bereikte volmaaktheid er harerzijds toe bij, om deze waarheid allerwaarschijnlijkst te maken.1

Maar om dit nieuwe bewijs stevig te kunnen grondvesten, zullen we eerst den vooruitgang zelf der organismen in het volle daglicht moeten stellen. Men zal zoo mogelijk de werkelijkheid daarvan [46]moeten aantoonen en ten slotte de betreffende best-gestaafde feiten verzamelen en de middelen opzoeken, die de natuur bezit, om het bestaan aan al haar schepselen mogelijk te maken.

Ondertusschen merken wij op, dat ofschoon men de wezens van de verschillende natuurrijken algemeen aanduidt met den naam *natuurproducten*, men niettemin aan die uitdrukking geen enkel positief begrip schijnt vast te knoopen.

Klaarblijkelijk staat het vooropgezette oordeel omtrent "afzonderlijke scheppingen" de erkenning in den weg, dat de natuur zelf het aanzijn vermag te geven aan zooveel verschillende wezens, hun rassen onophoudelijk ofschoon geleidelijk te wijzigen en de overal waargenomen algemeene Orde in stand te houden.

Wij willen alle meeningen over die belangrijke zaken ter zijde laten en overal de natuur zelf bevragen om niet door onze verbeelding misleid te worden.

Ten einde in gedachten alle bestaande dieren te omvademen en ze gemakkelijk onder een gezichtspunt te brengen zij eraan herinnerd, dat alle natuurproducten sinds lang in drie rijken verdeeld zijn, onder de benamingen *dieren-*, *planten-*, en *delfstoffen-rijk*. Door die indeeling worden de tot elk dier rijken behoorende wezens als onderling gelijkwaardige vergeleken ondanks hun zeer uiteenloopenden oorsprong.

Reeds geruimen tijd heb ik een andere, meer kenschetsende indeeling passender bevonden. Ik onderscheid nl. alle natuurvoortbrengselen in twee groepen:

1. 1e. Bewerktuigde, levende lichamen.
2. 2e. Onbewerktuigde, levenlooze lichamen.

Planten en dieren vormen de eerste groep. Zij [47]hebben, gelijk bekend, de vermogens zich te voeden, te groeien en zich voort te planten en zijn noodzakelijkerwijs onderworpen aan den dood.

Maar wat men niet zoo goed weet, omdat de gangbare onderstellingen anders luiden, is, dat de levende lichamen bij de verrichtingen hunner organen en bewegingen zelf hun eigen stoffen en afscheidingsproducten bereiden2. En wat men nog minder weet, dat déze weer door hun ontleding het ontstaan geven aan alle samengestelde, anorganische stoffen in de natuur, wier verschillende soorten zich vermeerderen—al naar de omstandigheden—door onmerkbaar ondergane veranderingen die hen vereenvoudigen en op den duur de volledige ontbinding bewerkstelligen hunner samenstellende elementen. (†)

De verschillende vaste en vloeibare levenlooze stoffen stellen de tweede groep natuurvoortbrengselen samen, die meerendeels bekend zijn onder den naam *mineralen*.

Men kan zeggen, dat er zich tusschen het al- en niet-levende een onmetelijke *gaping* bevindt, die verbiedt, deze twee soorten op één lijn te stellen, noch ze door tusschentrappen te verbinden, wat men tevergeefs beproefd heeft.

De levende wezens vallen vanzelf in twee afzonderlijke rijken, gebaseerd op werkelijke verschillen, die de *planten* van de *dieren* scheiden. En, — ondanks al het daarover beweerde — ben ik overtuigd, dat er op geen enkel punt een werkelijke overgang is tusschen die twee rijken (†), en bijgevolg er noch dierplanten, (uitgedrukt door het woord *zoöphyten*) noch plantdieren zijn.

De prikkelbaarheid in alle of bepaalde deelen is de meest algemeene eigenschap der dieren, méér [48]dan het vermogen tot willekeurige bewegingen en gevoel, méér zelfs dan de spijsverteering. Alle planten, de z.g. "gevoelige" niet uitgezonderd, noch die, welke bij de minste aanraking of een zuchtje wind bepaalde deelen bewegen, zijn geheel verstoken van *prikkelbaarheid*, wat ik elders heb aangetoond.

Men weet, dat de prikkelbaarheid een wezenlijke eigenschap is voor de dieren, (althans voor sommige hunner deelen die niet opgeheven kan worden bij het levende dier zoolang het betreffende deel niet beschadigd is). Zij uit zich in een oogenblikkelijke samentrekking van alle prikkelbare deelen bij aanraking door een vreemd lichaam. Deze samentrekking houdt tegelijk met haar oorzaak op en vernieuwt zich evenzooveel keeren, als het betreffende deel, na ontspanning, weerom geprikkeld wordt. Iets dergelijks nu is in geenen deele bij de planten waargenomen.

Als ik de uitgespreide takken van het kruidje-roer-mij-niet (*Mimosa pudica*) aanraak, zie ik, inplaats van een samentrekking dadelijk de gewrichten der takken en stelen door den schok verslappen, waardoor die deelen kunnen neerklappen en zelfs de blaadjes tegen elkaar slaan. Dit gebeurd zijnde zal men tevergeefs verder de takken en bladeren dezer plant aanraken, de werking herhaalt zich niet. Er is een vrij lange tijd toe noodig — behalve als het zeer warm is — opdat de oorzaak van het strekken der gewrichten al die deelen weer kan opheffen en uitbreiden, zoodat ze zich bij een lichten schok weer kunnen samenvouwen.

Ik vermag in dat verschijnsel geen enkel verband te ondekken met de *prikkelbaarheid* der dieren; maar, met de wetenschap, dat gedurende de vegetatieperiode, vooral bij warm weer, er in de planten veel *elastische* vloeistoffen optreden (†), waarvan [49]een deel voortdurend uitgedampt wordt, heb ik de gevolgtrekking gemaakt, dat bij de leguminosen die vloeistoffen zich wel eens bij voorkeur zouden kunnen ophoopen in de gewrichten der bladeren alvorens te verdampen, en dezelve aldus strekten en de bladen of blaadjes uitgespannen houden.

In dat geval zou de langzame vervluchtiging dier elastische fluiden van de leguminosen in het algemeen bij nadering van den nacht het verschijnsel van den *"slaap"* veroorzaken, en de plotselinge, door een schokje opgewekte verdamping i.h. bijzonder bij *mimosa pudica* de verkeerdelijk dusgenoemde *prikkelbaarheid*3.

Daar blijkens straks mee te deelen beredeneerde waarnemingen, de dieren zonder uitzondering niet *gevoelig* zijn, in staat tot het volbrengen van *wilsdaden* of, bijgevolg, tot willekeurige bewegingen, zoo is de tot nu toe gegeven definitie van dieren—ter onderscheiding van planten—ten eenen male onhoudbaar. Derhalve heb ik al voorgesteld, haar door de volgende te vervangen, als zijnde meer overeenkomstig de waarheid en geschikter, om beide natuurrijken te kenschetsen.

Definitie van dieren

Dieren zijn bewerktuigde, levende wezens, voorzien van ten allen tijde prikkelbare deelen, die bijna alle de spijzen verteeren, waarmee ze zich voeden en die zich bewegen, deels door hun vrijen of afhankelijken wil, deels door het opgewekt worden van hun prikkelbaarheid.

Definitie van planten

Planten zijn levende, bewerktuigde wezens, wier [50]deelen nooit prikkelbaar zijn, geen spijsvertering hebben en zich noch vrijwillig, noch door werkelijke prikkelbaarheid bewegen.

Volgens deze definities, veel nauwkeuriger en gegronder dan de tot op heden gebruikelijke, zijn dus de *dieren* in de eerste plaats van de *planten* onderscheiden door de prikkelbaarheid van alle—of bepaalde—deelen, en voorts door de bewegingen, die zij daarmee kunnen verrichten, in casu door uitwendige oorzaken opgewekt, via de irritabiliteit.

Het spreekt vanzelf, dat men deze nieuwe ideeën maar niet voetstoots kan aannemen. Maar ik meen, dat elk niet-vooringenomen lezer, na overweging van de in dit werk uiteengezette feiten en beschouwingen hun onafwijsbaar den voorkeur zal geven boven de oude, als zijnde deze met de waarneming klaarblijkelijk in strijd.

Laat ons deze algemeene gezichtspunten beëindigen met twee niet onbelangwekkende opmerkingen. De eene betreffende het buitensporig groote aantal dieren te land en te water; de andere over de door de natuur aangewende middelen, om desniettegenstaande al het voorgebrachte in zijn algemeene verhoudingen te bewaren.

Van de beide natuurrijken blijkt het dierenrijk verreweg het rijkst en meest gevarieerd en vertoont op het gebied van organisatie de meest bewonderenswaardige verschijnselen.

Het aardoppervlak, de boezem van het water, in zeker opzicht zelfs de lucht worden bewoond door een zoo oneindige verscheidenheid van dieren, dat waarschijnlijk een groot deel van hen altoos aan onze onderzoekingen zal ontsnappen. Men heeft des te meer reden om aldus te denken, daar de wonderbaarlijke vruchtbaarheid der natuur in de allerkleinste soorten, de enorme uitgestrektheid [51]der zeeën en hun diepte op vele plaatsen ongetwijfeld ten allen tijde een bijna onoverkomelijke hinderpaal zullen vormen tegen de vorderingen van onze kennis in deze materie (†).

Een enkele klasse van de ongewervelde dieren, bijv. die der *insecten* weegt, wat betreft het getal en de verscheidenheid van de daarin bevatte voorwerpen, tegen het heele plantenrijk op. Die van de *polypen* is naar allen schijn nog veel talrijker (†), zoodat men zich nooit zal kunnen vleien al die daartoe behoorende dieren te kennen.

Door de ontzaglijke vermenigvuldiging van de kleinere soorten, speciaal van de laagste dieren, zou die groote massa exemplaren wel eens het bestaan kunnen bedreigen van bepaalde soorten en rassen, en daarmee den verkregen vooruitgang in organisatie, in een woord, de algemeene Orde, indien de natuur geen voorzorgen genomen had, om die vermenigvuldiging binnen zekere grenzen te houden.

De dieren eten elkaar op, behalve de uitsluitende planteneters, maar deze staan bloot aan het verslonden worden door de vleescheters. Men weet, dat de sterkere en beter bewapende de zwakkere opeten en de grootere soorten de kleinere. Niettemin verschalken de exemplaren van dezelfde soort elkaar slechts zelden, de verdelgingskrijg wordt tegen andere soorten gestreden.

De vruchtbaarheid der kleine diersoorten is van dien aard, dat zij den aardbol voor de andere onbewoonbaar zouden maken, als de natuur daartegen geen paal en perk had gesteld. Maar daar ze aan een menigte andere dieren ten prooi strekken, hun levensduur zeer beperkt is en temperatuurverlaging hen doet omkomen, (†), zoo wordt hun aantal steeds op het juiste peil gehouden voor de instandhouding van hun soorten en van andere. [52]

De grootere en sterkere dieren echter zouden wel aan het bestaan van verscheiden andere soorten afbreuk kunnen doen, als zij zich al te sterk voortplantten. Maar zij vreten elkaar op en planten zich slechts langzaam voort met weinige tegelijk, hetgeen ook ten hunnen aanzien het vereischte evenwicht doet bewaren.

De mensch ten slotte schijnt, afgezien van zijn eigenaardigheden, zich onbeperkt te kunnen vermenigvuldigen, want zijn verstand en hulpmiddelen beveiligen hem tegen inperking daarvan door verscheurende dieren. Ja, hij beheerscht ze in die mate, dat, inplaats van de grootste en sterkste dieren te moeten vreezen, hij ze veeleer kan vernietigen en hun aantal iederen dag meer doet inkrimpen.

Maar de natuur heeft hem met verschillende hartstochten behept, die, daar ze zich ongelukkig genoeg tezamen met zijn intellect ontwikkelen, een dam opwerpen tegen de al te sterke voortteling van zijn geslacht.

De mensch schijnt inderdaad zelf belast, om voortdurend het aantal van zijns gelijken te beperken. Want ik aarzel niet, te zeggen, dat de aarde (naar allen schijn) nooit de bevolking zal herbergen, die zij zou kunnen voeden. Verscheidene van hare bewoonbare streken zullen bij tusschenpoozen zeer matigjes bevolkt zijn, ofschoon de duur dier tijdperken voor ons niet te bepalen is.

Zoo blijft dan door wijze voorzorgen in alles de gestelde Orde bewaard. De eeuwige veranderingen en vernieuwingen daarin worden binnen onoverschrijdbare grenzen gehouden. De soorten levende wezens blijven ondanks hun veranderingen in stand; de verkregen verbeteringen in organisatie gaan nooit verloren. Alles wat wanorde, omverwerping, abnormaliteit schijnt, is steeds in een [53]hoogere algemeene Orde opgenomen en doet daarin mede. En overal en altijd wordt onveranderlijk de wil van den oppersten Schepper van de natuur en van al wat bestaat uitgevoerd.

Alvorens ons nu bezig te houden met de *trapsgewijze afdaling* en *vereenvoudiging* van de dierlijke organismen bij het voortschrijden van de meest samengestelde naar de enkelvoudigste, willen we eens den werkelijken staat van hun indeeling en ordening nagaan en de beginselen, die men bij de opstelling daarvan heeft gebruikt; dan zullen wij de bewijzen voor bedoelde afklimming beter kunnen volgen. [54]

1 Hydrogeologie, p. 41 sqq.

2 Hydrogeologie, p. 112.

3 Hier staat een botanische aanteekening, refereerende aan *Hist. nat. des végétaux*, uitg. Déterville, Vol. I. p. 202, van den auteur (vert.)

Hoofdstuk V

Over de huidige indeeling en ordening der dieren

oor den vooruitgang der Zoölogische Philosophie en voor ons eigen oogmerk is het noodig, den *huidigen stand* van indeeling en classificeering1 der dieren onder oogen te zien; te onderzoeken, hoe men ertoe gekomen is, omtrent welke beginselen men zich moet verstaan en wat er nog te doen valt, om met die indeeling het dichtst de Orde zelf der natuur te benaderen.

Maar om eenig profijt uit al die beschouwingen te trekken, moeten we eerst het eigenlijke doel van indeeling en van groepeering bepalen, want daartusschen bestaat verschil. Het doel van de *eerste* toch is niet alleen, om een gemakkelijk te raadplegen lijst te bezitten, maar bovenal, om daarmee zooveel mogelijk de Orde voor te stellen, die de natuur gevolgd heeft bij het voortbrengen van al die dieren, bijzonderlijk uitgedrukt in hunne onderlinge overeenkomst. Van een *classificeering* daarentegen is het doel, met behulp van de van afstand tot afstand getrokken scheidingslijnen in de algemeene reeks dezer wezens rustpunten voor onze verbeelding te scheppen, gemakkelijker reeds waargenomen soorten te kunnen herkennen, het verband met andere te begrijpen, en nieuwgevonden soorten in elk kader te kunnen passen. Dit onontbeerlijke hulpmiddel vergemakkelijkt de studie voor ons kleine menschen, maar in werkelijkheid is het een totaal onnatuurlijk kunstproduct, gelijk reeds aangetoond. [55]

De juiste bepaling der *overeenkomsten* zal in onze algemeene indeelingen steeds de plaats bepalen van 1e., de groote massa's of hoofdafdeelingen; 2e. de daaraan ondergeschikte groepen; 3e. de bijzondere soorten of rassen. Zietdaar dus het onschatbare wetenschappelijke voordeel van de kennis der *verwantschappen*; daar zij het werk van de natuur zelf zijn, zal geen onderzoeker daaraan ooit willen of kunnen tornen, na ze eenmaal goed begrepen te hebben. De *algemeene indeeling* zal dus meer en meer een vasten en volkomen vorm krijgen, naarmate onze kennis van de betrekkingen tusschen de samenstellende elementen der natuurrijken vooruit gaat.

Anders is het met de *classificeering* gesteld, d.w.z. met die verschillende scheidslijnen, in de algemeene indeeling getrokken. Waarlijk, zoolang er leemten in onze indeelingen te vullen zijn, zullen wij altijd van die schijnbaar natuurlijke scheidingen vinden, maar die illusie zal verdwijnen hoe meer men waarneemt. En hebben wij er niet reeds verscheidene zien uitvloeien—tenminste onder de kleinere eenheden—door de talrijke natuurkundige ontdekkingen van de laatste halve eeuw?

Zoo zijn dan die grenzen, behalve de nog openstaande kloven, altijd willekeurig en daarom in schommeling, zoolang de natuuronderzoekers voor hare opstelling geen vaste beginselen overeenkomen.

In het dierenrijk is als zulk een beginsel te beschouwen, *dat elke klasse dieren moet bevatten, door een bijzonder stelsel van organisatie onderscheiden.* De strikte uitvoering daarvan is nogal gemakkelijk. Want ofschoon de natuur niet plotseling van het eene systeem op het andere overgaat, zoo zijn er toch onderlinge grenzen te bepalen, daar als regel slechts weinige dieren die grenzen [56]zoo dicht naderen, dat er twijfel omtrent hun werkelijke klasse kan rijzen.

De scheidslijnen tusschen de onderdeelen der klassen zijn gewoonlijk moeilijker vast te stellen, daar zij berusten op minder gewichtige kenmerken, en dientengevolge willekeuriger zijn.

Alvorens nu den huidigen stand van de classificeering der dieren te onderzoeken, willen we trachten aan te toonen, dat

de rangschikking der levende wezens in haar groote groepen een reeks moet vormen,

en geen netvormige vertakking.

Daar de mensch gedoemd is, om eerst alle mogelijke dwalingen te begaan alvorens een waarheid te erkennen bij het onderzoek van desbetreffende feiten, zoo heeft men ontkend, dat de natuurvoortbrengselen in elk rijk werkelijk een echte reeks zouden kunnen vormen volgens hun overeenkomst of een *trapsgewijze opklimming* in algemeene gesteldheid.

Zoo hebben dan verschillende natuurkundigen, met bepaalde, eenigszins geïsoleerde soorten, geslachten en families voor oogen, zich verbeeld, dat de levende wezens, al naar hun *natuurlijke betrek-*

kingen dichter of verder van elkaar zouden staan, vergelijkbaar met de verschillende punten van een landkaart. Zij beschouwen de kleine, wel omschreven reeksen, die men *natuurlijke families* genoemd heeft, als zich onder elkaar te verhouden op de wijze van een *netwerk*. Dit denkbeeld nu, zoo naar den smaak van sommige modernen, is klaarblijkelijk een vergissing. En ongetwijfeld zal het weer verdwijnen, als men de organismen grondiger en algemeener zal kennen, en vooral als men onderscheid zal maken tusschen kenmerken, die voortvloeien uit aangenomen verblijfplaatsen en [57]gewoonten, èn uit de meer of minder volmaakte trap van bewerktuiging.

Intusschen zal ik aantoonen, dat de natuur bij het voortbrengen van alle dieren en planten, in den langen loop der tijden, wel degelijk in elk dezer rijken een echte *scala* gevormd heeft met toenemende samengesteldheid van organisatie. Maar dat, als wij de natuurvoorwerpen naar hun natuurlijke betrekkingen rangschikken, die *scala* slechts tusschen de hoofdafdeelingen merkbare trappen vertoont, en niet bij de soorten, of zelfs bij de geslachten. De reden van die bijzonderheid is, dat de buitengewone verscheidenheid van omstandigheden, waarin de verschillende soorten verkeeren, geheel onafhankelijk is van hun toenemend gecompliceerde bewerktuiging, zooals ik zal laten zien, en dat de eerste in de uitwendige vormen afwijkingen en abnormaliteiten doet ontstaan, die niet alleen op rekening van de tweede kunnen gesteld worden.

Er valt dus te bewijzen, dat de trapsgewijze reeks der dieren voornamelijk de groepeering der hoofdafdeelingen aangaat, en niet die der soorten of genera. Die reeks dan kan nl. slechts bepaald worden door de plaatsing der grootere groepen—klassen en grootere families—omdat deze elk een eigen bijzonder orgaanstelsel vertoonen. En juist dit vertoont een afdalende orde vanaf het meestsamengestelde tot het eenvoudigste. Maar op zich zelf beschouwd vertoont elk lichaamsdeel gèèn zoo regelmatige gradeering, en des te minder, naarmate het zelf van minder belang is en vatbaarder voor wijziging door de omstandigheden.

Inderdaad houden de min-gewichtige organen onderling niet steeds gelijken tred in volmaking of achteruitgang. Als men dan ook alle soorten van een klasse nagaat, zal men zien, dat zeker lichaamsdeel [58]in een bepaalde soort de grootste volkomenheid heeft bereikt, terwijl een ander deel, bij diezelfde soort slechts kommerlijk ontwikkeld zijnde, bij haar collega een hooge vlucht heeft genomen.

Die onregelmatige variatie in de trapsgewijze ontwikkeling van bijkomstige lichaamsdeelen komt, doordat deze meer dan andere aan den invloed van uitwendige omstandigheden zijn blootgesteld. Zij op hun beurt laten vorm en uitwendig voorkomen niet ongemoeid en geven het aanzijn aan een zóó verstrekkende en eigenaardig-geordende veelsoortigheid, dat inplaats evenals de hoofdgroepen in een simpele lineaire reeks te kunnen gerangschikt worden, deze soorten vaak van hun eigen afdeelingen zijdelingsche vertakkingen uitmaken, wier uiteinden werkelijk afzonderlijke punten zijn.

Om het inwendige orgaansysteem te wijzigen is de hulp van invloedrijke omstandigheden gedurende langer tijd noodig dan voor de uitwendige. Niettemin merk ik op, dat als de omstandigheden het noodig maken de natuur — weliswaar zonder sprongen — van het eene systeem op het andere naburige overgaat. Ja, door dat vermogen heeft zij ze alle achtereenvolgens kunnen vormen, vanaf de eenvoudigste tot de meest samengestelde. Zij heeft dat vermogen in die mate, dat niet alleen de overgang van het eene naar het andere systeem kan plaats hebben tusschen twee naburige families, maar zelfs in een en hetzelfde individu.

De stelsels met echte *longen* voor de *ademhaling* staan dichter bij die met *kieuwen* dan die met *tracheeën*. Zoo schrijdt de natuur niet alleen van kieuwen tot longen bij naburige klassen en families, — gelijk visschen en tweeslachtige dieren2 uitwijzen, maar die verandering kan zich zelfs in een enkel [59]individu voltrekken, dat dus achtereenvolgens de beide systemen gebruikt. Men weet, dat de kikvorsch in larvalen toestand als dikkopje ademt door kieuwen, als volkomen dier echter door longen. Maar nergens ziet men een trachee- in een longsysteem overgaan.

Naar waarheid kan men dus zeggen, dat in elk natuurrijk de groote groepen in een enkele, trapsgewijze reeks te rangschikken zijn, overeenkomstig de toenemend samengestelde bewerktuiging, en dat deze serie aan het begin de eenvoudigste en aan het eind de best-uitgeruste en -georiënteerde organismen moet bevatten.

Zoo schijnt de werkelijke orde van de natuur te zijn, en zoo blijkt bij de meest-nauwlettende waarneming en gezette studie van alle eigenaardigheden van haar verloop.

Sinds wij in onze indeeling der natuurproducten de noodzakelijkheid hebben beseft, om hunne onderlinge *betrekkingen*, ook tusschen de verschillende groepen in aanmerking te nemen, kunnen we die reeks niet meer naar welgevallen schikken. En de aldus nieuwverworven kennis omtrent den loop van de natuur dwingt ons, hare Orde aan te nemen.

Voor de systematiek is het eerst-verkregen resultaat van deze werkmethode, dat de beide uiteinden der reeks de meest-uiteenloopende wezens moeten bevatten, omdat ze verwantschappelijk, en dus organisch, het verst van elkaar staan; aan het eene einde de meest-volkomene, aan het andere noodwendig de ònvolkomenste, d.w.z. de eenvoudigste.

Bij de planten kent men van deze *natuurlijke reeks* nog slechts het ééne uiteinde goed, d.w.z. men weet, dat de cryptogamen daar behooren. Doordat van we de planten nog niet zooveel weten [60]als van vele dieren, is het andere einde alsnog onzekerder. Daaruit volgt, dat wij bij de planten nog geen vasten gids hebben voor de betrekkingen tusschen de groote groepen, gelijk voor geslachten en families.

Bij de dieren echter zijn de twee uiteinden der reeks voorgoed vastgesteld. Want zoolang het natuurlijke stelsel van kracht zal zijn zullen noodwendig de zoogdieren de bovenste, de afgietseldiertjes de onderste plaats innemen.

Er is dus, voor *dieren* zoowel als voor *planten* een Orde, voortvloeiende uit de "middelen", ingesteld in de natuur door den OPPERSTEN SCHEPPER aller dingen. Zij, de Natuur, is niet anders dan de algemeene en onveranderlijke Orde, door den verheven Veroorzaker in alles ingeschapen, en het geheel van de daarovergestelde algemeene en bijzondere wetten. Door die voortdurend gebruikte middelen roept zij onafgebroken haar voortbrengselen tot aanzijn, verandert en vernieuwt ze onophoudelijk en bewaart alzoo overal de Orde des Geheels.

Wij zullen zien, dat deze natuurlijke orde—waarvan wij reeds verschillende stukken bezitten in de goedbekende families en geslachten—wat de dieren betreft thans in zijn geheel boven alle willekeur is vastgesteld.

Maar de groote verscheidenheid der bekende dieren en het licht, door de vergelijkende anatomie op hun samenstelling geworpen, doen ons thans de middelen aan de hand, om ze alle definitief in te deelen en de juiste plaats hunner voornaamste afdeelingen vast te stellen.

Een en ander zal men ontegenzeggelijk moeten toestemmen. Onderzoeken we nu den

Huidigen stand van indeeling en classificeering der Dieren.[61]

Daar doel en beginselen dezer beide in den aanvang hunner bewerking ten eenen male miskend werden, deed de arbeid der natuuronderzoekers nog lang de stumperigheid onzer denkbeelden gevoelen. Het ging met de natuurwetenschappen als met alle andere, waar men zich eerst laat is gaan bezinnen op de grondleggende, regelende beginselen. Inplaats van de levende wezens te classificeeren volgens een onomstootelijke orde, had men slechts een overzichtelijke rangschikking op het oog, en bleef daardoor vol willekeur.

Zoo bijv. gebruikte men wegens de duistere betrekkingen tusschen de groote planten-groepen langen tijd kunstmatige botanische systemen. Zij boden alle gemak van willekeurige groepeeringen. Ieder auteur stelde naar eigen smaak een nieuw stelsel op. De heele *natuurlijke indeeling* werd dan ook voor de planten opgeofferd. Eerst sinds het erkennen van het belang der voortplantingsorganen, en vooral van sommige daarvan boven andere begint de botanische systematiek meer volkomen te worden.

Bij de dieren evenwel zijn in het algemeen de betrekkingen, die de groote groepen characteriseeren veel gemakkelijker te onderscheiden. Verscheidene zulke groepen werden dan ook reeds bij het begin van de beoefening der natuurlijke historie als zoodanig herkend.

Zoo verdeelde Aristoteles de dieren in twee hoofdafdeelingen, "klassen", t.w.

1e. Dieren met bloed:
1. Levend-barende viervoeters,
2. Eierleggende viervoeters,
3. Visschen,
4. Vogels.

[62]
2e. Dieren zonder bloed:

1. Mollusca,
2. Crustacea,
3. Testacea,
4. Insecta.

De hoofdindeeling in twee groote groepen was vrij goed, maar het door Aristoteles gebruikte criterium slecht. Immers, hij gaf den naam bloed aan de voornaamste dierlijke vloeistof met roode kleur. En in de meening, dat de dieren van de tweede groep alle slechts witte of witachtige sappen hadden, beschouwde hij ze eens en vooral als bloedeloos.

Zoo was dan het eerste ontwerp voor een classificatie der dieren, althans het oudste, waarvan wij kennis dragen. Maar tevens is 't het eerste voorbeeld van een indeeling in omgekeerde volgorde aan de natuurlijke, daar men een, hoewel nog zeer gebrekkige, voortschrijding vindt van het meer samengestelde naar het eenvoudigere.

Sinds dien tijd heeft men algemeen bij het indeelen der dieren die verkeerde richting gevolgd, wat onze kennis van het natuurlijke proces kennelijk heeft in den weg gestaan.

Moderne natuurvorschers hebben gemeend, de onderscheiding van Aristoteles te verbeteren, door zijn eerste afdeeling te noemen *dieren met rood bloed* en de tweede *dieren met wit bloed*. Men weet echter tegenwoordig, hoe onbevredigend deze kenschetsing is, aangezien er ongewervelde dieren zijn met rood bloed (vele *anneliden*).

Volgens mij verdienen de lichaamsdeelen der dieren niet langer den naam *bloed* als ze niet meer circuleeren in slagaderlijke en aderlijke vaten. Die vochten zijn dan zoo vereenvoudigd, zoo onvolkomen in de samenstelling hunner elementen, dat [63]men ze ten onrechte met òmloopende vloeistoffen zou gelijk stellen. Bloed toe te schrijven aan straaldieren of polypen zou dan ook gelijk staan met hetzelfde te doen aan de planten.

Om alle dubbelzinnigheden en hypothetische beschouwingen te vermijden heb ik op mijn eersten cursus in het Museum in het voorjaar van 1794 het geheel der bekende dieren in twee volkomen scherp onderscheiden secties verdeeld, te weten:

1. Gewervelde dieren, (Vertebrata)
2. Ongewervelde dieren, (Evertebrata)

Ik deed aan mijn leerlingen opmerken, dat de *wervelkolom* bij de betreffende dieren het bezit van een meer of minder ontwikkeld geraamte aanduidt, en een bouwplan naar verhouding; terwijl haar ontbreken bij andere deze niet alleen zuiver van de eerste onderscheidt, maar tevens beteekent, dat zij volgens een totaal verschillend stelsel zijn georganiseerd.

Van Aristoteles tot Linnaeus verscheen niets van belang op het gebied van onze systematiek. Maar in de laatste eeuw hebben de groote natuurkundigen talrijke bijzondere waarnemingen omtrent de dieren gedaan, voornamelijk over de ongewervelde. Sommige hebben hun anatomie meer of minder volledig bekend gemaakt; andere beschreven nauwkeurig en uitvoerig de gedaanteverwisselingen en gewoonten van een groot aantal dezer dieren. En het gevolg van hun kostbare waarnemingen is geweest, dat een uiterst belangrijk feitenmateriaal ter onzer kennis is gekomen.

Na de feiten verzameld te hebben en ons geleerd te hebben, met groote nauwgezetheid de kenmerken van allerlei graad te bepalen gaf Linné, een man van superieuren geest en een van de grootste [64]natuuronderzoekers ons de volgende indeeling der dieren.

Hij verdeelde het bekende dierenrijk in zes klassen, volgens drie trappen of graden van organisatie:

Systeem der Dieren volgens Linnaeus.

Klassen.

	Eerste graad.
I. ZOOGDIEREN.	Hart met twee kamers; rood en warm bloed.
II. VOGELS.	
III. TWEESLACHTIGE DIEREN	*Tweede graad.*
(REPTIELEN).	Hart met een kamer; rood en koud bloed.
IV. VISSCHEN.	
	Derde graad.
V. INSECTEN.	Kleurlooze, koude lichaams-vloeistof.
VI. WORMEN.	

Behalve de omgekeerde volgorde, die deze indeeling met alle andere gemeen heeft, zijn hare eerste vier klassen nu eens en vooral vastgesteld; hun plaatsing in de algemeene reeks, zal voortaan altijd de instemming der zoölogen erlangen, zoodat men er in de eerste plaats den beroemden Zweed dankbaar voor moet zijn.

Anders is het gesteld met de twee laatste afdeelingen. Deze zijn kwalijk geslaagd en ondoelmatig. En aangezien zij het grootste aantal en de meest verscheidene bekende dieren omvatten, zoo hadden ze ook talrijker moeten zijn. Men heeft ze dus moeten hervormen en door andere vervangen.

Gelijk men ziet schonken Linné en zijn opvolgers zoo weinig aandacht aan de noodzaak, om de *evertebraten*—met een kleurloos, koud lichaamsvocht inplaats van bloed, wier bewerktuiging een zoo groote verscheidenheid vertoont—verder te splitsen, dat zij deze talrijke dieren slechts in twee klassen hebben verdeeld, t.w. *insecten* en *wormen*. Zoodat al wat niet als insect werd beschouwd, [65]anders gezegd alle ongelede ongewervelden zonder uitzondering tot de wormen gerekend werden. Zij plaatsten de insecten ónder de visschen en daaronder weer de wormen. Volgens

Linnaeus vormden dus de wormen de laatste klasse van het dierenrijk.

Deze beide klassen treft men nog in dien vorm in alle posthume uitgaven van het *Systema naturae* aan. En ofschoon de kardinale fout van die indeeling, vergeleken met de natuurlijke Orde der dieren duidelijk blijkt, en buiten twijfel de Linneaansche *wormen*-klasse slechts een soort van chaos is, waarin ver uiteenloopende zaken vereenigd zijn, woog de autoriteit van dien geleerde zoo zwaar voor de natuurkenners, dat niemand durfde te tornen aan die monsterklasse der *vermes*.

Met de bedoeling, hierin eenige nuttige hervorming aan te brengen, *stelde ik op mijn eersten cursus de volgende indeeling voor van de evertebraten*, die ik inplaats van in twee, in vijf klassen onderscheidde, in deze volgorde:

1. 1e. Mollusca.
2. 2e. Insecta.
3. 3e. Vermes.
4. 4e. Echinodermata.
5. 5e. Polypi.

Deze klassen, bevatten eenige van de door *Bruguière* ter indeeling van de wormen voorgeslagen door mij niet in allen deele geadopteerde orden, en de klasse der insecten van Linné.

Nadat nu door de komst van Cuvier te Parijs tegen het midden van het jaar 1795 de aandacht der zoölogen gevestigd was op de anatomie der dieren, zag ik tot mijn groote voldoening de beslissende bewijzen, door hem gegeven voor den aan de *weekdieren* toe te kennen voorrang boven de [66]*insecten* in de algemeene reeks. Ik had dat al bij mijn lessen gedaan, hetgeen echter door de natuuronderzoekers van deze stad niet gunstig was opgenomen.

De verandering, door mij aangebracht in het gevoel van onbevredigdheid met de Linneaansche indeeling, bevestigde Cuvier volkomen door de uiteenzetting van de meest positieve feiten, waaronder verscheidene weliswaar bekend, maar door ons nog niet in aanmerking genomen.

Vervolgens mijn voordeel doende met het licht, dat deze geleerde sinds zijn komst over alle onderdeelen van de dierkunde wierp, en in het bijzonder over de *ongewervelde*, —door hem witbloedige genoemde—dieren, voegde ik successievelijk nieuwe klassen aan mijne indeeling toe. Ik was de eerste, die ze instelde, maar, gelijk men zien zal, duurde het lang, voor eenige daarvan werden aangenomen.

Weliswaar stellen de geschied-schrijvers weinig belang in de wetenschap en des te minder in hare beoefenaars; niettemin schijnt het mij de moeite waard, om de veranderingen in de classificatie gedurende deze vijftien jaren te leeren kennen. Ziehier die, welke ik zelf heb aangebracht.

Vooreerst veranderde ik de benaming *echinodermen* in *radiariën*, teneinde er de kwallen en verwante geslachten bij te voegen (†). Deze klasse is ondanks haar nut en noodzakelijkheid nog niet geaccepteerd.

Gedurende mijn lessen van het jaar 1799 heb ik de klasse der *crustaceeën* opgesteld. Cuvier begreep toen in zijn *Tableau des Animaux* (p. 451) nog de crustacea onder de insecten. En ofschoon deze klasse er zich in wezenlijke punten van onderscheidt, duurde het zes of zeven jaar, vóór eenige natuuronderzoekers ertoe konden besluiten, haar aan te nemen. [67]

Het volgend jaar, d.w.z. op mijn cursus van het jaar 1800 stelde ik voor de *arachniden* als een aparte klasse, gemakkelijk en noodzakelijk, te onderscheiden. Hare karaktertrekken wezen van huis uit op de aparte organisatie dezer dieren. Want het is onmogelijk, dat organismen gelijk die der insecten, die alle een gedaanteverwisseling ondergaan, zich in den loop van hun leven slechts eenmaal voortplanten en slechts twee antennen, twee facetoogen en zes gelede pooten hebben, het aanzijn kunnen geven aan dieren, die nooit van gedaante verwisselen en overigens in verschillende eigenaardigheden afwijken van de insecten. Deze waarheid is sindsdien door de waarneming bevestigd geworden. Toch wordt die klasse der *arachniden* nog in geen enkel werk behalve de mijne toegelaten.

Toen Cuvier bij eenige dieren, die men onder den naam *vermes* met andere van totaal verschillende samenstelling verwarde, het bestaan van arterieele en veneuse bloedvaten ontdekt had, gebruikte ik dadelijk dat nieuwe feit voor het verbeteren van mijne classificeering. En op mijn cursus van 1802 stelde ik de klasse der *anneliden* op, achter de mollusken en voor de crustacea, overeenkomstig hun anatomie.

Bij het geven van een nieuwe naam aan die nieuwe klasse kon ik den ouden van *"wormen"* voor dieren bewaren, die dezen altijd hadden gedragen en waaruit de *anneliden* op anatomische gronden wederom verwijderd moesten worden. Dus ik zette de *wormen* achter de insecten en onderscheidde ze wèl van de radiaten en *polypen*, waarmede men ze nooit zal mogen vereenigen.

Mijne klasse der *anneliden*, gepubliceerd in mijn lessen en in mijne *Recherches sur les corps vivans* (p. 24) werd meerdere jaren lang door de dierkundigen [68]niet erkend. Niettemin begint men dat sedert ongeveer twee jaar te doen; maar men oordeelt het noodig, er de benaming van te wijzigen, nl. in die van *vermes*, zoodat men niet weet, wat te doen met de eigenlijke *vermes*, die noch zenuwstelsel, noch bloedsomloop bezitten. In deze verlegenheid vereenigt men ze met de klasse der *polypen*, hoezeer ze hiervan ook in samenstelling mogen verschillen.

Zulke voorbeelden van later weer te niet gedane verbeteringen in de classificeering, die ten slotte weer door den loop der dingen noodzakelijk hersteld moesten worden zijn niet zeldzaam in de natuurwetenschap.

Zoo had Linnaeus verscheidene geslachten van planten vereenigd die Tournefort tevoren onderscheiden had, zooals Polygonum, Mimosa, Justicia, Convallaria en nog vele andere. Tegenwoordig richten de botanici die door L. geschrapte genera weer op.

Het vorige jaar—bij mijn colleges van 1807—heb ik ten slotte een nieuwe, tiende klasse van evertebraten ingesteld, die der infusoria, omdat ik mij na een gedegen onderzoek dezer lagere dieren overtuigd heb, dat ik ze ten onrechte onder de polypen gerangschikt had.

Terwijl ik aldus de vruchten verzamelde van eigen waarneming en de snelle vorderingen der vergelijkende *ontleedkunde* grondvestte ik achtereenvolgens de verschillende klassen mijner tegenwoordige indeeling der *ongewervelden*. Opgenoemd in de gebruikelijke omgekeerde volgorde zijn het de volgende:

Klassen:

1. Mollusca.	1. Insecta.
2. Cirrhipedia.	2. Vermes.
3. Annelida. [69]	3. Radiata.
4. Crustacea.	4. Polypen.
5. Arachnidea.	5. Infusoria.

Ik zal bij de afzonderlijke behandeling dezer klassen aantoonen, dat het noodzakelijke afdeelingen zijn, gebaseerd op derzelver organisatie. En ofschoon er in de buurt van hun onderlinge grenzen soorten kunnen, ja moeten voorkomen, die in zekeren zin overgangsvormen tusschen twee klassen vormen, zoo zijn ze toch zóó passende, als onze kunst maar vermag voort te brengen. Zoolang dan ook het belang der wetenschap voorop zal staan, zal men niet buiten hun erkenning kunnen.

Als men derhalve bij de tien klassen der evertebraten de vier der vertebraten van *Linné* voegt, krijgt men als indeeling van alle bekende dieren de volgende veertien klassen, die ik nog eens in omgekeerde volgorde zal opsommen:

1. Gewervelde dieren.

| 1. | 1. Zoogdieren. | 3. | 3. Kruipende dieren. |
| 2. | 2. Vogels. | 4. | 4. Visschen. |

2. Ongewervelde dieren.

1.	5. Weekdieren.	6.	10. Insecten.
2.	6. Rankpootigen.	7.	11. Wormen.
		8.	12. Straaldieren.
3.	7. Ringwormen.	9.	13. Polypen.
4.	8. Schaaldieren.	10.	14. Afgietseldiertjes3.

5. 9. Spinachtigen.

[70]

We zouden thans eigenlijk een zeer belangrijke, ja dringende vraag moeten opwerpen, die nooit diepgaande onderzocht schijnt, nl.:

Moet men, de klassen van het dierenrijk als een reeks van groepen behandelend zijn weg vervolgen van het meestgecompliceerde naar het eenvoudigste, of wel omgekeerd?

Wij zullen trachten de oplossing dezer vraag te geven in hoofdstuk VIII, het laatste van dit deel. Maar tevoren willen wij een zeer merkwaardige zaak onderzoeken, onze aandacht overwaard, die ons ten gids kan strekken bij het naspeuren van den door de natuur gevolgden weg bij het tot aanzijn roepen van hare verschillende voortbrengselen. Ik bedoel die eigenaardige *trapsgewijze afklimming* van bewerktuiging in de natuurlijke reeks der dieren vanaf de volkomenste en meest samengestelde tot aan de eenvoudigste en onvolkomenste.

Ofschoon deze *gradatie* niet zonder onvermijdelijke schokken gaat, gelijk ik zal aantoonen, bestaat zij tusschen de hoofdgroepen zoo klaarblijkelijk en, zelfs in de afwijkingen van haar gewonen baan, met een zoo onwrikbare standvastigheid, dat zij ongetwijfeld onderworpen is aan een of andere algemeene wet, die wij daarom moeten opsporen. [71]

1 Letterlijk op te vatten als "indeeling in klassen;" hier verder ook weergegeven door "*groepeering*" (vert.)

2 "Reptiles".

3 Ter afwisseling zijn nu eens de hollandsche benamingen gebruikt (vert.)

Hoofdstuk VI

Trapsgewijze afklimming en vereenvoudiging der organisatie van het eene einde van de Keten der Dieren tot het andere

Beschouwingen over het bovengenoemde onderwerp behooren tot de meest belangwekkende op het gebied van de zoölogische philosophie. Ons doel is dus, te weten te komen, of dat feit werkelijk aangetoond kan worden; want in dat geval zal het een sterk licht werpen op den door de natuur afgelegden weg en ons in den zadel helpen, om verscheidene van haar meest belangrijke wetten te ontdekken.

Ik stel mij hier voor, te bewijzen, dat het betreffende feit inderdaad bestaat, en het product is van een aanhoudend en gelijkmatig werkende natuurwet; maar dat een voor de hand liggende, bijzondere oorzaak hier en daar de te verwachten resultaten daarvan langs de heele keten der dieren doet afwijken.

Vooreerst moet men erkennen, dat de algemeene reeks der dieren, gerangschikt naar hunne natuurlijke betrekkingen, een serie van afzonderlijke groepen vormt als gevolg van de verschillende stelsels van bewerktuiging die door de natuur zijn gebruikt, en dat zelf weer naar afnemend-samengestelde organisatie geplaatste groepen samen een echte keten vormen.

Voorts merkt men op, dat er, behoudens afwijkingen, waarvan wij de oorzaken nog nader zullen opsporen, van het eene einde van die keten tot het andere een opvallende vereenvoudiging van bewerktuiging [72]heerscht en in overeenstemming hiermee een vermindering van het aantal eigenschappen. Zoodat, indien aan het eene einde de in alle opzichten meest volkomen dieren staan, men noodwendig aan den tegenovergestelden kant de eenvoudigste en laagststaande ontwaart.

Tenslotte kan men zich overtuigen, dat alle bijzondere organen zich gaandeweg van klasse tot klasse vereenvoudigen en veranderen, ginds nog van voornaam belang, hier hoe langer hoe armzaliger en zwakker worden, en hun plaatselijke concentratie verliezen om te eindigen met volkomen te verdwijnen nog vóór het andere einde van de keten is bereikt.

Voorwaar schrijdt deze *degradatie* niet altijd regelmatig voort; want vaak ontbreekt er eenig orgaan of verandert het plotseling en neemt soms daarbij zonderlinge gestalten aan, die met geen enkele andere door herkenbare overgangen verbonden zijn. Ook verschijnt en verdwijnt een orgaan dikwerf nog herhaaldelijk, alvorens definitief van de baan te zijn. Maar men zal gevoelen, dat dit niet anders heeft kunnen zijn; dat de oorzaak der toenemende samengesteldheid van bewerktuiging verschillende afwijkingen in hare voortbrengselen heeft moeten ondergaan, wijl deze vaak door een sterke werking van buiten af gewijzigd worden. Nochtans zal men zien, dat de betreffende *degradatie* niet minder werkelijk voortgaat.

Indien de tendens tot voortdurende ontwikkeling der organismen de eenige was, die invloed had op de dierlijke vormen en lichaamsdeelen, zouden deze overal zeer regelmatig samengestelder worden. Maar verre van dien: de natuur is gedwongen om wat zij volbrengt overal te onderwerpen aan den invloed der omringende omstandigheden, [73]die hare voortbrengselen in allen deele doen varieeren. Ziedaar de bijzondere oorzaak, die in den loop van de trapsgewijze *afklimming* dikwijls zonderlinge afwijkingen van het gewone verloop doet ontstaan.

Laat ons trachten in het volle licht te stellen: zoowel de progressieve *vereenvoudiging* der dierlijke organisatie als de oorzaak der afwijkingen, die deze ondergaat.

Het is duidelijk, dat als de natuur slechts het aanzijn gegeven had aan waterdieren, die alle steeds onder hetzelfde klimaat in dezelfde soort water van dezelfde diepte geleefd hadden, enz., men dan in hun organisatie een regelmatige *opklimming* met vloeiende overgangen zou gevonden hebben.

Intusschen heeft de natuur hare vermogens niet tusschen zoo nauwe grenzen beperkt. Vooreerst al heeft zij in het water zelf de omstandigheden belangrijk gedifferentieerd: zoet- en zeewater, stilstaande en stroomende of bewogen wateren, warme en koude, ondiepe en diepe bieden evenzoovele bijzondere omstandigheden voor de hen bewonende dieren. Bij gelijken trap van organisatie ondergaan dan de daaraan blootgestelde dierrassen speciale invloeden van elk ervan en worden er door gewijzigd.

Nadat waterdieren van allerlei aard waren voortgebracht en bijzonder gevarieerd met behulp der onderscheidene levensvoorwaarden van het water, zijn sommige hun natte element ontrouw geworden, eerst aan de oevers, om daarna geheel een landleven te gaan aannemen in de dampkringslucht. Deze bevonden zich mettertijd in omstandigheden zóó totaal verschillend van hunne vroegere en van zoo ingrijpenden invloed op gewoonten en organen, dat de theoretische regelmatige *opklimming*[74]in bewerktuiging er op eigenaardige wijze door gewijzigd is zoodat zij hier en daar nauwelijks meer herkenbaar is.

Deze door mij reeds lang onderzochte dingen, die ik met stellige bewijzen zal staven geven mij aanleiding om het volgende *zoölogische beginsel* voor te stellen, welks grondslagen mij aan elken twijfel ontheven schijnen:

> Het proces van voortschrijdende samengesteldheid van bewerktuiging ondergaat hier en daar in de algemeene reeks der dieren afwijkingen onder den invloed van de omgevende omstandigheden en de aangenomen gewoonten.

Men heeft zich op grond dier *afwijkingen* gerechtigd geacht, de opvallende progressie in de dierlijke bewerktuiging zelf te verwerpen en daarmee den weg, dien de natuur volgt bij het voortbrengen van hare levende schepselen.

Intusschen zijn ondanks die genoemde anomalieën het algemeene plan der natuur en haar gestadige procédé nog zeer goed te onderkennen, alhoewel de gebruikte middelen tot in het oneindige variëeren. Daartoe moet men de algemeene reeks der bekende dieren in haar geheel beschouwen, en vervolgens in hare groote groepen en men zal er de meest onduzzelzinnige bewijzen ontdekken van de *trapsgewijze opklimming* in de organisatie, onmiskenbaar ondanks de opgenoemde afwijkingen. Ten slotte merke men op, dat overal, waar geen uiterst-afwijkende omstandigheden aan het werk zijn geweest men in die *opklimming* vloeiende overgangen vindt in die deelen der reeks, welke wij *families* hebben genoemd. Die waarheid blijkt nog treffender bij de studie van de z.g. *"soorten"*. Want hoe meer wij waarnemen, hoe moeilijker, ingewikkelder en uitvoeriger onze specifieke onderscheidingen worden. [75]

De opklimming in de samenstelling der dieren zal dus een onbetwistbaar feit zijn, zoodra wij de stellige bewijzen tot in bijzonderheden kunnen geven van wat zoo juist uiteengezet is. En daar wij de dierenreeks beschouwen in omgekeerde volgorde als de natuur bij hunne voortbrenging heeft gevolgd, doet zich de gradatie aan ons voor als een merkwaardige *afdaling*, van het eene einde van den dierenketen tot het andere behoudens de onderbrekingen als gevolg van de nog te ontdekken natuurvoorwerpen en van de afwijkingen, veroorzaakt door uitersten in levensomstandigheden.

Om nu met stellige feiten die *trapsgewijze afklimming* in de dierlijke organisatie te grondvesten willen we eerst eens een blik slaan op de samenstelling en het geheel dezer reeks en de feiten ermee annex; vervolgens zullen we hare veertien klassen snel de revue laten passeeren.

Bij het onderzoek van de algemeene indeeling der dieren zooals ik die in het vorige hoofdstuk heb voorgeslagen en die over het geheel door de zoölogen eenstemmig wordt erkend—behoudens de bezwaren tegen de grenzen van eenige klassen—springt één feit dadelijk in het oog, dat op zichzelf al beslissend zou zijn voor mijn zaak, en wel het volgende:

Aan het eene einde van de serie, dat men gewoonlijk het "voorste" noemt ziet men de in alle opzichten meest volkomen dieren met de meestingewikkelde organisatie terwijl zich aan het andere einde de laagst-bewerktuigde bevinden, wier dierlijkheid men ternauwernood zou vermoeden.

Dit welbekende en inderdaad onweerlegbare feit wordt het eerste bewijs voor de aan te toonen afklimming, want het is er de wezenlijke voorwaarde voor.

Een ander bewijzend feit daarvoor is het volgende: [76]De eerste vier klassen van het dierenrijk bevatten dieren, zonder uitzondering met *ruggegraat*, welke bij alle andere ten eenen male ontbreekt.

Men weet, dat die wervelkolom de ruggesteun is van het geraamte, dat zonder haar niet kan bestaan en dat overal waar zij zich bevindt er een meer of minder volledig en volkomen skelet is.

Voorts wijst, naar bekend, volmaking der functies op die der betreffende organen.

Ofschoon nu hier de mensch niet in aanmerking komt doordat zijn verstand zoozeer meerderwaardig is boven zijn lichamelijkheid, levert hij ongetwijfeld het voorbeeld van de grootst mogelijke volmaaktheid; hoe meer dan ook een dierlijk organisme het zijne nadert, hoe volkomener is het.

Dit zoo zijnde merk ik op, dat het menschelijk lichaam niet alleen een geleed skelet bezit, maar nog wel het in allen deele meest volledige en volkomene. Dit geraamte verstevigt zijn lichaam, levert talrijke aanhechtingsplaatsen voor de spieren en stelt hem in staat zijn bewegingen vrijwel tot in het oneindige te varieeren.

Daar nu het *skelet* een voornaam aandeel neemt in het bouwplan van het menschelijk lichaam, zoo is het duidelijk, dat elk dier mèt geraamte beter georganiseerd is dan zonder.

Dus zijn de *evertebraten* onvolkomener dan de vertebraten. Plaatst men dus aan het hoofd van de dierenreeks de meest volkomene, dan vertoont zij een werkelijke afklimming in bewerktuiging, aangezien na de eerste vier klassen alle volgende dieren een geraamte missen en bijgevolg onvolkomener georganiseerd zijn.

Maar dat is niet alles: onder de gewervelde dieren zelf wordt die afklimming ook opgemerkt. Wij zullen zien dat zij ook onder de ongewervelde dieren [77]bestaat, dat dus deze afklimming volgt uit het door de natuur constant volgehouden plan en tegelijkertijd een gevolg is van de omgekeerde richting, waarin wij hare orde vervolgen. Want indien wij de werkelijke richting kozen van onvolkomen tot volkomen, zouden we een toenemende samengesteldheid vinden en achtereenvolgens de dierlijke functies in aantal en doeltreffendheid zien wassen. Laten we daarom ten bewijze van de werkelijke degradatie eens schielijk de verschillende klassen van het dierenrijk doorloopen.

De Zoogdieren

Dieren met melkklieren, vier ledematen en alle integreerende lichaamsdeelen der meest volkomen dieren. Haar op eenige plaatsen.

De zoogdieren (*Mammalia*), moeten blijkbaar aan een der uiteinden van de keten der dieren staan, en wel op de plaats van de best georganiseerde en functioneerende; want alleen onder hen vindt men de meest ontwikkelde intelligentie.

Indien de ontwikkeling der functies die der betreffende organen bewijst, dan zijn de zoog-dieren,—de eenige werkelijk *levendbarende* (†)—het best bewerktuigd, omdat, gelijk bekend, deze dieren meer verstand, meer eigenschappen en een meer volkomen geheel van zintuigen hebben dan alle andere; overigens nadert hun organisatie het meest tot die van den mensch. Zij toch vertoonen ons een lichaam, in allen deele bevestigd door een geleed geraamte, vollediger dan bij de vertebraten van de drie andere klassen. De meeste hebben vier ledematen, afhankelijk van het skelet, en alle een middenrif tusschen borst en buik; een hart met twee kamers en twee boezems; rood en warm bloed; vrij in de borstkas opgehangen longen [78]waardoor alle bloed circuleert alvorens naar de andere lichaamsdeelen gezonden te worden. Ten slotte zijn zij alleen echt *levendbarend*, want alleen bij hen houdt het *foetus*, ingehuld in zijn bekleedselen, nochtans met de moeder voortdurend verbinding, ontwikkelt er zich ten haren koste en voedt zich na de geboorte nog eenigen tijd met het zog van hare melkklieren.

Dus moeten de *zoogdieren* de eerste plaats in het dierenrijk innemen, in verband met hunne volmaking van organen en vermogens (*Recherches sur les Corps vivans*, p. 15) aangezien men buiten hen geen echte viviparie meer vindt, noch door een diaphragma in de borstkas afgeperkte longen waar alle lichaamsbloed doorheen spoelt, enz. enz.

Nu is het werkelijk onder de *zoogdieren* zelf vrij moeilijk, onderscheid te maken tusschen datgene, wat inderdaad behoort tot de door ons onderzochte trapsgewijze afklimming en de gevolgen van omringende omstandigheden, van levenswijze en sinds langen tijd aangenomen gewoonten.

Intusschen vindt men bij hen sporen van de algemeene trapsgewijze rangschikking in organisatie; want zij wier ledematen tot grijpen ingericht zijn staan boven die, welke er slechts mee loopen kunnen. Onder de eerste bevindt zich de mensch. Wijl dus het menschelijk organisme het meest volmaakt is, moet men het als type beschouwen, waarnaar de meerdere of mindere volkomenheid van de andere te beoordeelen is.

Zoo vertoonen de drie afdeelingen, waarin de klasse der *zoogdieren*, zij het niet gelijkmatig, te onderscheiden is, een opmerkelijke trapsgewijze afklimming in de bewerktuiging der betreffende dieren.

Eerste afdeeling: genagelde zoogdieren; (Unguiculata); zij bezitten vier ledematen, platte of puntige [79]nagels aan de uiteinden hunner vingers, die daardoor niet omhuld worden. Die ledematen zijn in het algemeen geschikt om te grijpen, althans zich aan de voorwerpen vast te klemmen. — Onder hen in 't bijzonder bevinden zich de meest-volmaakt georganiseerde dieren.

Tweede afdeeling: hoefdieren (Ungulata); vier ledematen, wier uiteinden geheel omhuld worden door een rond stuk hoorn, z.g. *"hoef"*. De voeten dienen slechts tot loopen of rennen en zijn ongeschikt tot het boomleven of als grijporganen of tot het aanvallen en verscheuren van andere dieren. De voeding geschiedt uitsluitend met planten.

Derde afdeeling: nagellooze zoogdieren (Exungulata); slechts twee zeer korte, afgeplatte en tot zwemmen geschikte ledematen. De door de huid omgeven vingers dragen geen nagels of andere hoornvormingen. Van alle zoogdieren zijn zij het laagst bewerktuigd. Ze bezitten bekken noch achterste ledematen en verzwelgen het voedsel ongekauwd. Gewoonlijk leven zij in het water, maar komen aan de oppervlakte om adem te halen. Men noemt ze cetacea (walvischachtigen).

Ofschoon de *tweeslachtige zoogdieren*1 eveneens het water bewonen, waaruit zij slechts van tijd tot tijd aan land kruipen, zoo behooren zij inderdaad tot de eerste afdeeling, van de natuurlijke Orde, en niet tot die, welke de cetacea bevat.

Men zal nl. al dadelijk inzien, dat onderscheid dient gemaakt te worden tusschen een *lageren trap* van organisatie als gevolg 1e. van woonplaats en aangenomen gewoonten, en 2e. van uit een geringeren graad van volmaaktheid of bewerktuiging. Daardoor is voorzichtigheid geboden bij de beschouwingen van details. Want aangezien de [80]levensomstandigheden, de bijzondere woonplaatsen de van buiten af op-gedwongen gewoonten, levenswijze enz., een groot orgaan-omvormend vermogen bezitten — gelijk ik nader zal laten zien — zoo zou men bepaalde vormen verkeerdelijk aan oorzaken sub I kunnen toeschrijven.

Zoo is het duidelijk, dat de *amphibien*2 en de *walvisschen*, die beide een dichte middenstof bewonen, waar goed-ontwikkelde ledematen de bewegingen slechts zouden hinderen, het best gediend zijn van zeer verkorte leden; dat uitsluitend de invloed van het water ze heeft moeten maken tot wat ze zijn, en dat bijgevolg deze dieren hun algemeenen lichaamsvorm danken aan het bewoonde milieu.

Maar in die *afdalende orde*, welke wij bij de *zoogdieren* zelve tracht te onderscheiden moeten de *tweeslachtigen* van de *cetacea* verwijderd worden, wijl hun bewerktuiging in hare voornaamste deelen veel minder gedegradeerd is; en men moet ze daarom nader brengen tot de *genagelde zoogdieren*, terwijl de *walvischachtigen*, als zijnde de minst volkomene, de laatste orde der klasse moeten vormen.

Thans zullen wij tot de *vogels* overgaan, maar eerst wil ik nog opmerken, dat van de *zoogdieren* tot de *vogels* geen overgang bestaat. Hier is een leegte. Maar de natuur heeft zonder twijfel dieren voortgebracht, die deze leegte ten naaste bij aanvullen, en die een afzonderlijke klasse moeten vormen, indien zij noch onder de zoogdieren, noch onder de vogels gerangschikt kunnen worden.

Dit is nu inderdaad gebleken, doordat men kort geleden in Nieuw-Holland twee geslachten van zoogdieren ontdekt heeft, t.w.

Ornithorhynchus   Monotremata Geoffr.
Echidna.

[81]

Deze dieren bezitten vier ledematen, geen melkklieren, tanden in kassen noch lippen. Zij hebben slechts één afvoergang voor geslachtsproducten, vaste- en vloeibare uitscheidingsstoffen, (cloaca). Het lijf is bedekt met haren of stekels.

Zoogdieren zijn het niet, want ze hebben geen melkklieren en zijn hoogstwaarschijnlijk eierleggend.

Het zijn geen vogels, want de longen zijn niet doorboord noch de armen tot vleugels omgevormd. Reptielen zijn ze ten slotte ook niet, blijkens hun twee hartkamers. Zij behooren dus tot een afzonderlijke klasse.

De Vogels.

Dieren zonder melkklieren, met twee pooten en twee tot vleugels gewijzigde armen. Lichaam bedekt met veeren.

De tweede rang komt klaarblijkelijk aan de *vogels* toe, want ofschoon men bij hen gewis niet zooveel vermogens en verstand vindt als bij de eersterangs-dieren, zoo zijn zij, ongeacht de monotremen, de eenige die een hart met twee kamers en twee boezems, warm bloed, een geheel met hersenen gevulde schedelholte en een in ribben gevatten romp hebben, evenals de zoogdieren. Met deze laatste hebben ze dus zeer-aparte kenmerken gemeen, die men bij geen der latere klassen zal terugvinden.

Vergeleken met de zoogdieren vertoonen nochtans de vogels een kennelijk lageren trap van organisatie, geenszins afhankelijk van de omstandigheden. Immers, als hoofdzaak missen zij de melkorganen, slechts eigen aan de hoogst-ontwikkelde dieren, in verband met de *echt-levendbarende* wijze van voortplanten, die men zoowel bij de vogels als bij een der na-volgende rangen vergeefs [82]zou zoeken. In een woord: ze *leggen eieren*. Hun in een anorganische z.g. eierschaal gehulde foetus heeft weldra geen verbinding meer met de moeder en ontwikkelt zich zonder aan haar direct voedsel te ontleenen.

Een *middenrif*, dat bij de mammaliën borst- en buik-holte volkomen, zij het ietwat scheef, afscheidt, ontbreekt hier ten eenen male.

In de wervelkolom zijn slechts hals- en staartwervels bewegelijk, daar dit voor de overige onnoodig is, en daarmede geen hinderpalen in den weg gelegd worden aan de ontwikkeling van den kam van het borstbeen, hetwelk thans op zijn beurt welhaast alle beweging onmogelijk maakt.

Immers, daar het sternum der vogels als steunpunt dient voor pectoraalspieren, (door voortdurende, krachtige beweging zeer dik en sterk geworden) is het zelve uiterst breed uitgegroeid met een kam in het midden. Maar dit houdt verband met de gewoonten dezer dieren, en niet met hun plaats in het systeem. Immers, een zoogdier: de vleermuis vertoont eveneens een borstbeenkam.

Al het bloed der vogels doorstroomt de longen, alvorens de andere lichaamsdeelen te bereiken. Dientengevolge geschiedt de longbloedzuivering hier nog even volledig als bij de zoogdieren; later wordt dat stelsel niet meer aangetroffen.

Maar hier echter doet zich een zeer merkwaardige bijzonderheid voor, welke zonder twijfel samenhangt met de levensomstandigheden dezer dieren. De vogels, bij uitstek bewoners der lucht, die ze onophoudelijk in alle richtingen doorklieven, hebben de gewoonte aangenomen hun longen te doen zwellen ter verlichting, hetgeen deze organen zijwaarts zakvormig heeft doen uitgroeien, en de— door de plaatselijke warmte verdunde—lucht in staat gesteld heeft, longen en omhulsels te doorboren [83]en voorts in bijna alle lichaamsdeelen, zelfs in de groote holle beenderen door te dringen, ja tot in de schachten der pennen3. Desalniettemin ondergaat het bloed slechts in de longen den vereischten invloed van de zuurstof, want de in de andere lichaamsdeelen binnendringende lucht heeft een andere functie dan voor de ademhaling.

Aldus staan de vogels met recht een trap onder de zoogdieren. Niet, wijl hun longen een bijzonderheid bieden, die de eerste missen,—evenals de veeren slechts een gevolg van het lucht-leven— doch wijl ze een ander voortplantingssysteem bezitten dan de meest-volmaakte dieren, nl. hetzelfde als het meerendeel der lagere klassen.

Onder de vogels zelf is de afklimming in organisatie zeer moeilijk te onderkennen; onze kennis van hunne bewerktuiging is daarvoor nog van te algemeenen aard. Men heeft dan ook tot heden vrij willekeurig deze of gene orde aan het hoofd der klasse gesteld, en haar naar welbehagen geëindigd.

Edoch, indien men in aanmerking neemt, dat de watervogels (zooals de zwemvoetigen), de steltloopers en de hoenderachtigen het uitnemende voordeel hebben, dat hun jongen dadelijk na het verlaten van het ei kunnen loopen en zich voeden [84]en bovenal, als men oplet, hoe onder de zwemmers de vetganzen en pinguïns— wier bijna vederlooze, tot zwemmen ongeschikte vleugels niet veel meer dan vinnen zijn—eenigermate tot de cloaakdieren en walvischachtigen naderen,—zoo zal men inzien, dat de zwemvoetigen, steltloopers en hoenderachtigen de eerste drie vogelorden moeten vormen en de duiven, zang-, roof- en klimvogels de laatste vier.

Voorzoover bekend kunnen bij hen de pas uitgekomen jongen zich ook nog niet voortbewegen of voeden.

Ten slotte maken volgens deze beschouwingen de klimvogels de laatste orde uit, als zijnde de eenige met twee teenen naar voren en twee naar achteren, hetgeen op een nadere overeenkomst met de reptielen (chamaeleon) schijnt te wijzen.

Reptielen.

Dieren met slechts een hartkamer, nog in het genot van longademing, schoon onvolkomen. Huid glad of beschubd.

Op den derden rang komen natuurlijk (en noodzakelijk) de *reptielen*, en zij zullen ons nieuwe en belangrijke bewijzen aan de hand doen voor de *trapsgewijze afdaling* der bewerktuiging van het eene tot het andere einde der dieren-rij. Ten eerste heeft hun hart, met slechts één hartholte, niet meer die gedaante, bij uitstek eigen aan de eerste- en tweederangs dieren, en hun bloed is koud, bijna gelijk dat van de leden der laagste rangen.

Een ander bewijs voor hun lageren trap van bewerktuiging vertoonen de kruipende dieren ons in de ademhaling. Vooreerst zijn zij de laatste, die nog door echte longen ademen, want na hen vinden wij in geen enkele dierklasse dergelijke organen, hetgeen ik zal trachten te bewijzen bij de weekdieren. — [85]Ten tweede bestaat de long in 't algemeen uit zeer groote cellen, naar verhouding weinig talrijk en reeds sterk vereenvoudigd. Bij vele soorten ontbreekt dit orgaan op jeugdigen leeftijd nog, en de functie wordt dan waargenomen door *kieuwen*, ademhalingsorganen, welke bij geen der vorige rangen gevonden worden. Soms worden hier beide systemen tegelijk bij hetzelfde individu aangetroffen (jonge kikvorschachtigen).

Maar het beste bewijs voor hun *lagere rangorde* in zake de ademing is het feit, dat slechts een deel van het bloed door de longen passeert, terwijl de rest de lichaams-deelen bereikt zonder "gelucht" te zijn.

Tenslotte beginnen de vier ledematen, zoo karakteristiek voor de hoogere dieren, hier verloren te gaan, ja, veelal geheel te verdwijnen, zooals bij haast alle slangen.

Onafhankelijk van de *vereenvoudiging* in bewerktuiging, waarneembaar in: hart-vorm, bloedtemperatuur—die ternauwernood boven die van de omgeving stijgt—onvolkomen ademhaling en trapsgewijze vervlakking der longen, bemerkt men voorts ook tusschen de reptielen onderling belangrijke verschillen, zoodanig, dat de orden dezer klasse in voorkomen en anatomie grooter verschillen vertoonen dan bij de twee voorafgaande klassen. Sommige leven gewoonlijk op het land, en onder hen kunnen de pootlooze soorten slechts kruipen. Andere bewonen het natte element of wel afwisselend land en water. De huid is nu eens glad, dan weer beschubd. Ofschoon alle slechts één hartkamer hebben, zijn er sommige soorten met twee boezems, andere met een. Al deze verschillen hangen af van de woonplaatsen, levenswijze, enz.; zonder twijfel oefenen de omstandigheden grooteren invloed uit op een organisatie, nog ver van [86]het beoogde doel verwijderd, dan op zulke, die reeds meer naar hun volmaking zijn voortgeschreden.

Wijl de kruipende dieren eieren leggen, (ook wanneer deze intusschen in de moederschoot uitkomen), voorts een gewijzigd, meest sterk vereenvoudigd skelet bezitten, een minder volkomen ademhaling en bloedsomloop dan de zoogdieren en vogels en hunne smalle hersenen de schedelholte niet geheel vullen, zoo zijn zij minder volmaakt dan de twee voorafgaande klassen, aldus van hun kant de voortdurend-*toenemende onvolkomenheid* van organisatie bevestigend. Reeds genoemd zijn de kieuwen der pasgeboren *batrachia*.

Indien men het ontbreken der pooten als een teeken voor lagere rangorde zou opvatten, dan moesten de *slangen* de laatste orde vormen; dit ware echter een averechtsche opvatting. Immers, door het aannemen van de gewoonte om zich te verbergen door vlak op den bodem te kruipen heeft hun lichaam een overmatige lengte verkregen, vergeleken met de dikte. Derhalve zouden lange pooten schadelijk geweest zijn voor 't zich kruipend verbergen, en korte pooten—waarvan ten hoogste vier beschikbaar—niet in staat om het lijf voort te bewegen. Aldus hebben de gewoonten dezer dieren hun pooten doen verdwijnen, en niettegenstaande de *tweeslachtigen* ze wel bezitten, zijn deze meer overeenkomstig de visschen georganiseerd.

De bewijzen voor deze mijne belangrijke beschouwingen zullen gebaseerd zijn op positieve feiten, en bijgevolg beveiligd voor— vergeefs aangevoerde—tegenwerpingen.

De Visschen

Dieren, door kieuwen ademende, met gladde of beschubde huid en voorzien van vinnen

Volgens onze plaatsing naar afklimmende orde [87]van algemeene bewerktuiging moeten de *visschen* noodzakelijkerwijze op den vierden rang worden geplaatst, dus na de *reptielen*. Inderdaad zijn zij ook minder-volkomen bewerktuigd dan deze laatste!

Ongetwijfeld zijn hun algemeene lichaamsvorm, het ontbreken van een insnoering tusschen kop en romp, en de verschillende vinvormige ledematen een gevolg van de dichte middenstof, die zij bewonen, en geen kenmerk van *lagere organisatie*. Toch is deze laatste niet minder werkelijk, ja, blijkens hunne inwendige samenstelling, aanzienlijk lager dan die der *reptielen*.

Bij hen vindt men het ademhalingsstelsel der hoogste dieren niet terug, d.w.z., de—ontbrekende—ware longen zijn vervangen door kieuwen, d.z. kamvormige, vaatrijke plaatjes, ten getale van vier stel aan beide zijden van hals of kop geplaatst. Het door den bek opgenomen water strijkt tusschen de kieuwbladen door, omspoelt de talrijke vaten daarin, en de in het water vervatte lucht, schoon in geringe hoeveelheid, werkt op het kieuw-bloed in, ter weldoende lucht-verversching. Het water passeert daarna de zijdelingsche openingen in den hals.

Merk op, dat hier voor de laatste maal het ingeademde fluide door den mond heen het respiratie-orgaan bereikt (†).

Evenals de na-volgende rangen, missen ook deze dieren luchtpijp, keel en echte stem (n'en déplaise de z.g. "*brommers*") alsmede oogleden, enz.

Nochtans maken de visschen deel uit van de gewervelde dieren doch zij beëindigen den vijfden trap van organisatie, wijl ze alleen met de kruipende dieren de volgende eigenschappen gemeen hebben:

1. Een wervelkolom,
2. Zenuwen, in hersenen samenkomend die *niet* de schedelholte opvullen, [88]
3. Eén hartkamer,
4. Koud bloed,
5. Uitsluitend inwendige gehoororganen.

De visschen zijn aldus georganiseerd: voortplanting door eieren; lichaam zonder melkklieren en van den meest zwem-vaardigen vorm; vinnen, welke niet geheel overeenkomen met de vier ledematen der hoogere dieren; een zeer onvolledig skelet, zonderling vervormd en bij de laagst-staande leden dezer klasse ter nauwernood ontwikkeld; één hartkamer en koud bloed; kieuwen inplaats van longen; zeer kleine hersenen; een tastzin zonder zin voor vormen en klaarblijkelijk geen reukzin, wijl geuren slechts door de lucht worden voortgeplant (†). Kortom, het is duidelijk, dat ook deze dieren van hun kant de *trapsgewijze afklimming*, welke wij in het heele dierenrijk nagaan, bevestigen.

Bij een hoofd-indeeling dezer klasse zullen we zien, dat de z.g. beenvisschen meer volkomen zijn dan de kraakbeenachtigen. Ook onderling duiden deze twee groepen dus weer op een trapsgewijzen teruggang, want laatstgenoemde groep bewijst door de zwakte der steunende deelen—ook in de voortbewegingsorganen— dat bij hen het skelet eindigt, of liever: dat de natuur daar juist met de vorming ervan begonnen is.

Steeds verder gaande in een richting, tegengesteld aan de natuurlijke Orde, moeten de laatste acht geslachten van deze klasse die visschen omvatten, waarvan de kieuwopeningen, zonder operculum (kieuwdeksel) of membraan, slechts zijdelingsche of keelstandige gaten zijn. Aan 't einde zullen ten slotte de lampreien en lancetvischjes moeten komen, wijl zij ten eenen male verschillen van alle andere door de onvolkomendheid van hun [89]skelet en door hun naakt, slijmig lichaam zonder zijdelingsche vinnen, enz.

Algemeene opmerkingen over de gewervelde dieren.

Ofschoon onderling sterk afwijkende, zoo blijken de gewervelde dieren alle volgens een gemeenschappelijk organisatieschema gebouwd. Van de visschen tot de zoogdieren opstijgende ziet men, dat dit grondplan zich van klasse tot klasse volmaakt heeft, en eerst in de hoogste zoogdieren voleindigd is. Doch tevens merkt men op, dat het type in den loop zijner volmaking talrijke wijzigingen heeft ondergaan, en zelfs zeer aanzienlijke, zoowel door den invloed van de omgeving, als door de gewoonten, welke iedere soort gedwongen was, naar omstandigheden aan te nemen.

Men ziet daaruit, dat indien de vertebraten onderling in organisatie sterk verschillen, dit een gevolg van het feit is, dat de natuur eerst bij de visschen een aanvang heeft gemaakt met de uitvoering van haar ontwerp, het vervolgens verder doorgevoerd bij de reptielen, en bij de vogels nader tot zijn volmaking heeft gebracht, om het pas bij de hoogste zoogdieren te voleinden.

Aan den anderen kant kan men niet nalaten op te merken, dat zoo al de voltooiïng van dit plan niet overal van de visschen tot de zoogdieren geleidelijk-vloeiend plaats heeft, dit zijn oorzaak vindt in de bijzondere verschillende, soms zelfs tegenstrevende omstandigheden, die wijzigend, tegenwerkend, ja zelfs richtingveranderend gewerkt hebben gedurende de lange keten der opvolgende geslachten.

Verdwijnen van de wervelkolom.

Als men tot dit punt van de dierlijke ontwikkelingstrap genaderd is, bevindt men, dat de wervelkolom [90]totaal verdwijnt, en wijl deze de kern is van ieder waar skelet en deze beenige stut een belangrijk onderdeel uitmaakt van de organisatie der hoogste dieren, zoo zijn alle *ongewervelden*, welke wij nu achtereenvolgens gaan beschouwen, onvolkomener bewerktuigd dan de vier laatstbehandelde klassen. Van nu af zullen dus de spieren geen steunpunten meer aan inwendige deelen zoeken.

Bovendien ademen de *evertebraten* nooit door cellige longen; geen enkele heeft een stem, bijgevolg ook niet de betreffende organen. Ten slotte schijnen ze meestal geen echt bloed te bezitten, d.i. die meest roode vloeistof der gewervelde dieren, welke haar kleur slechts dankt aan haren graad van bezwangering met bewegende lichaampjes, en die voor alles een echten *omloop* vertoont. Misbruik ware het, den naam *"bloed"* ook te geven aan die vloeistof zonder kleur of samenstelling, welke zich bijv. langzaam door de celsubstantie der polypen beweegt. Moet men dienzelfden naam dan ook aan de plantensappen geven?

Behalve de *wervelkolom*, gaat ook de *iris* verloren, die de oogen der hoogere dieren kenmerkt, want die der evertebraten zijn nooit versierd met een duidelijk regenboogsvlies.

Ook de *nieren* worden slechts bij de vertebraten gevonden, voor het laatst bij de visschen. Voortaan geen ruggemerg meer, noch sympathisch zenuwstelsel!

Belangrijk is het voorts, op te merken, dat bij de gewervelden, en voornamelijk bij de hoogstontwikkelde daaronder, alle organen afzonderlijk liggen, althans een eigen "haard" bezitten op evenzoovele aparte plaatsen. Men zal zien, dat volstrekt het tegenovergestelde plaats vindt, naarmate men zich naar het andere einde der scala toe beweegt. [91]

Het is dus duidelijk, dat de ongewervelde dieren alle primitiever georganiseerd zijn, dan de gewervelde, met de zoogdieren, als de meest-typische, aan den top.

Laat ons thans eens nagaan, of de klassen en groote families, waarin de lange rij der *evertebraten* ingedeeld wordt, eveneens een *trapsgewijze afklimming* aan kan wijzen in samenstelling en volmaking van organisatie.

Ongewervelde Dieren (Evertebraten)

Komende tot de *evertebraten* treden wij een oneindig rijk van verschillende dieren binnen, de talrijkste van de heele natuur, allerbelangwekkendst en merkwaardig verschillend in organisatie en eigenschappen.

Bij de beschouwing van hen komt men tot de overtuiging, dat de natuur bij hun achtereenvolgende schepping van de eenvoudigste tot de meest-samengestelde heeft moeten voortschrijden. Waar zij nu een systeem van organisatie voor oogen had, dat de groote volmaaktheid zou mogelijk maken, (dat der vertebraten), een stelsel, geheel verschillend van diegene, die zij aanvankelijk bij wijze van bruggen gedwongen was te scheppen, zoo is het duidelijk, dat men onder deze talrijke dieren niet een enkel, gaandeweg verbeterd systeem moet verwachten, doch verschillende, onderling scherp onderscheiden stelsels, waarvan elk heeft moeten ontspringen vanuit het begin-punt van ieder voornaam orgaan.

Bij het in 't leven roepen van een bijzonder orgaan voor de spijsvertering—zooals bij de *polypen*—heeft de natuur voor 't eerst inderdaad een bijzonderen, standvastigen vorm gegeven aan de betreffende dieren, terwijl de *infusoren*, die [92]grondvesters van het dierenrijk, noch de functie, noch den vorm of organisatie van dat orgaan bezitten kunnen.

Toen moeder natuur daarop een apart *ademhalingswerktuig* liet ontstaan, en dit, al verbeterend, wijzigde in aanpassing aan de levensomstandigheden der dieren, heeft zij zijn bouw gevarieerd, al naarmate bestaan en ontwikkeling van de andere bijzondere organen dat gaandeweg vereischten.

Met de schepping van een *zenuwstelsel* werd het haar vervolgens tevens mogelijk, een *spierstelsel* voort te brengen waaarbij gepaarde deelen een symmetrischen vorm bewerkstelligen. En als resultaat zien wij verschillende nieuwe typen, naar gelang van de levensomstandigheden en de nieuw-verworven deelen.

Toen de natuur tenslotte de dierlijke vloeistoffen voldoende in beweging gebracht had, als begin van een *circulatie*, won de bewerktuiging verder nog belangrijke bijzonderheden in onderscheid met systemen zonder vloeistofomloop.

Om deze opvattingen te grondvesten en de afklimming en vereenvoudiging der organisatie duidelijk te doen uitkomen zullen wij nu snel in averechtsche richting de verschillende klassen der ongewervelde dieren doorloopen.

Mollusca (Weekdieren).

Weeke, ongelede dieren, door kieuwen ademend, in het bezit van een "mantel". Geen overlangsche zenuwknoopstreng of ruggemerg.

De vijfde rang bij het afdalen van de dierenscala behoort ongetwijfeld aan de *weekdieren*, want, schoon als zijnde evertebraat van lagere orde dan de visschen, zoo zijn zij desniettemin de bestgeorganiseerde ongewervelden. Zij ademen door [93]kieuwen, zeer variabel naar vorm, grootte, naar de ligging binnen of buiten het dier en naar de genera en de gewoonten derzelver leden. Alle bezitten zij hersenen en zenuwen, echter zonder gangliënrij langs een gestrekte mergstreng; voorts aderen en slagaderen en een of meer enkelvoudige harten. Zij zijn de eenige bekende dieren met een zenuwstelsel en nochtans zonder ruggemerg of buikgangliënketen.

De kieuwen, door de natuur bij uitstek bestemd voor de ademhaling in het water, hebben wijzigingen in vorm en functie moeten ondergaan bij die water-dieren, die zich veelvuldig aan de lucht zijn gaan bloot stellen of zelfs, gelijk sommige soorten, daarin duurzaam zijn gaan verblijven. Het respiratieorgaan dezer vormen heeft zich geleidelijk aan die dampkringslucht aangepast; en dat is geen bloote aanname, want men kent krabben (*Cancer ruricola*) die altoos op het land leven, terwijl toch alle schaaldieren *kieuwen* bezitten. Op den langen duur is die gewoonte, om atmospherische lucht op te nemen, voor vele weekdieren een noodzaak geworden; zij heeft het orgaan zelf gewijzigd, dat, niet meer zóóveel aanraking met de in te ademen middenstof noodig hebbende, zich aan de wanden van de kieuwholte heeft vastgehecht.

Daaruit volgt de onderscheiding van twee soorten kieuwen bij de mollusken. De eene bestaat uit een netwerk van vaten, zich slingerend zonder relief over het slijmvlies eener holte; deze kieuwen zijn slechts geschikt voor lucht-ademen; men kan ze dus "*lucht-kieuwen*" noemen. De andere soort daarentegen vertoont bijna altijd in of buiten het dier uitspringende organen en vormt franjes of gekamde lamellen, of ook wel strengetjes, enz. Zij kunnen de ademhaling slechts in natte omgeving bewerkstelligen; ("*waterkieuwen*"). [94]

Indien nu de onderling-verschillende gewoonten der dieren hunne organen overeenkomstig hebben gewijzigd, zoo mogen wij hier besluiten, dat het voor recht begrip van sommige molluskenorden nuttig zal zijn, die met lucht- te onderscheiden van die met waterkieuwen. Maar in beide gevallen zijn het kieuwen, en het schijnt ons ongepast, te spreken van weekdieren met longen. Wie weet niet, hoe vaak misbruik van woorden en valsche aanwending van namen dienst hebben gedaan, om zaken onnatuurlijk voor te stellen en ons in verwarring te brengen!

Is er bijv. zoo groot verschil tusschen het netwerk of streng van bloedvaten in de huid van *Pneumodermon* en dat van het inwendige vlies bij een tuinslak? En toch ademt *Pneumodermon* naar allen schijn slechts water.

Overigens zullen wij eens nagaan, of er verband is tusschen de lucht-kieuwen der mollusken en de longen der vertebraten.

Het eigenaardige van longen is hun sponsachtige structuur, samengesteld uit min of meer talrijke cellen, waarin de buitenlucht steeds doordringt, eerst door den mond en vervolgens door een kraakbeenachtig kanaal, de *luchtpijp*, die zich vertakt tot *bronchiën*, welke in celletjes uitmonden. De cellen en bronchiën vullen en ledigen zich afwisselend door de opeenvolgende opzwelling en afplatting van de lichaamsholte, zoodat kenmerkend voor de longen is een duidelijke, afwisselende in- en uitademing. Dit orgaan kan slechts de aanraking met lucht verdragen en wordt zelfs door water of een andere stof sterk geprikkeld. Het is dus van een andere natuur dan de steeds ongepaarde *kieuwholte* van zekere weekdieren, die nooit opzwelling en afplatting vertoont, noch *luchtpijp* of *bronchiën* en waarin het ingeademde fluide nooit door den [95]mond binnentreedt. Een dergelijke holte, die zich buitendien dán weer aan het water en dán weer aan de lucht aanpast, kan nooit long heeten. Met eenzelfden naam twee zoozeer verschillende zaken aan te duiden, is geen wetenschap bevorderen, maar verwarren.

De *long* is het eenige orgaan, dat aan dieren een stem kan geven. Na de reptielen bezit geen enkel dier longen, ergo ook geen stem.

Mijne conclusie is, dat weekdieren nimmer door longen ademen (†). Indien ook al sommige van hen lucht inademen, zoo geldt dat ook voor sommige schaaldieren, alsmede alle insecten. Nochtans bezit geen dezer dieren echte longen.

Terwijl de weekdieren door hun algemeenen bouw, die onder dien der visschen staat, ook hunnerzijds de afklimming in de dierenketen bewijzen, zoo is deze onder de weekdieren onderling veel moeilijker aantoonbaar, want onder de zeer talrijke en uiteenloopende diervormen dezer klasse valt de onderscheiding zwaar tusschen 1e. wat op rekening komt van die onderhavige afklimming en 2e. de gevolgen van de woonplaatsen en levenswijzen der dieren.

Weliswaar zijn de beide orden, waarin de volkrijke klasse der weekdieren wordt verdeeld, sterk met elkaar in contrast door het gewicht der kenmerkende eigenschappen. De leden van de eerste orde (*Mollusca cephalota*) bezitten een scherp afgeteekenden kop, oogen, kaken of slurf, en planten zich door paring voort. Al deze kenmerken worden bij de tweede (*Acephale weekdieren*) gemist. Zonder eenige quaestie staat dus de tweede orde bij de eerste in organisatie ten achteren.

Het is echter van belang, op te merken, dat het gemis van kop, oogen, etc. bij de acephalen niet uitsluitend aan de algemeen lagere bewerktuiging [96]moet worden toegeschreven, in overeenstemming met het feit, dat kop en oogen bij lagerstaande orden in de dieren-scala weer terugkeeren. Integendeel, naar allen schijn is hier sprake van een dier afleidingen van het volmakingsproces door de omstandigheden, niet te vereenzelvigen met de oorzaken van de geleidelijke hoogere organiseering der dieren.

Den invloed van gebruik of voortdurend, volkomen onbruik der organen beschouwende, zullen wij zien, dat een kop, oogen, enz. voor de tweede orde hoogst nutteloos waren geweest, wijl de groote ontwikkeling van den mantel het gebruik toch onmogelijk gemaakt zou hebben.

Overeenkomstig die algemeene natuurwet, dat elk ongebruikt orgaan degenereert, zachtjes aan verkomt en verarmt om ten slotte geheel te verdwijnen, zijn kop, oogen, kaken enz. bij de acephalen geheel vernietigd; overigens zullen wij daar nog meer voorbeelden van ontmoeten.

Wijl de natuur bij de ongewervelde dieren geen inwendige steunpunten voor de spieren meer had, heeft zij gene bij de *weekdieren* vervangen door een mantel. Deze is des te sterker en vaster naarmate de dieren zich krachtiger bewegen en er uitsluitend op aangewezen zijn. Bij de cephalen, met hun sterkere bewegingen, is die mantel enger, dikker en steviger en onder hen zijn de naakte vormen (zonder schelp) bovendien voorzien van een pantser binnen den mantel, dat nog steviger is dan de mantel zelf en de samentrekking en 't voortkruipen van die dieren (de naaktslakken) bijzonder vergemakkelijkt.

Maar als wij, inplaats van tegen den draad in te gaan, de dierlijke scala van het minder- naar het meer-volmaakte doorloopen, zullen wij spoedig inzien, dat de natuur op den drempel van het gewervelde [97]dier-type bij de mollusken gedwongen is geweest een verkorste of hoornachtige huid als steun voor de spierbeweging op te geven en, in voorbereiding van de verlegging dier aanhechtingspunten naar het inwendige, de weekdieren in zekeren zin als overgangsvormen zijn te beschouwen, zoodat zij hun bewegingen merkwaardig langzaam uitvoeren, als hebbende nog slechts zwakke middelen daartoe (†).

Cirripedia (Rankvoetigen)

Dieren zonder oogen, door kieuwen ademend, met een mantel en gelede pooten met hoornachtige huid.

De geheel opzichzelf staande *rankvoetigen*, waarvan men nog slechts vier geslachten kent4 moeten als een afzonderlijke, geheel zelfstandige klasse der evertebraten opgevat worden (†).

Zij naderen tot de weekdieren door het bezit van een mantel, en ze moeten onmiddellijk na de koplooze Mollusken geplaatst worden door hun gemis van kop en oogen. Nochtans kunnen ze geen deel uitmaken van de weekdieren, wijl hun zenuwstelsel, evenals dat der drie volgende klassen, een *overlangsche ganglïenstreng* vertoont. Voorts hebben ze gelede armen met hoornige huid en verscheidene dwarse paren kaken. Dus staan ze een rang lager dan de mollusken. De bloedsomloop geschiedt door een echte circulatie, dus in aderen en slagaderen.

Deze dieren hechten zich aan voorwerpen in zee en verplaatsen zichzelf dus niet; de bewegingen, bepalen zich voornamelijk tot de armen. Wijl nu de mantel onbruikbaar was als steunpunt voor [98]de armspieren, moesten die in de huid dezer armen gezocht worden. Die huid is dan ook taai en hoornachtig, als bij de insecten en schaaldieren.

Annelida (Ringwormen)

Langgerekte, geringde dieren, zonder gelede pooten, ademend door kieuwen, in het bezit van een bloedvaatstelsel en overlangsche zenuwknoopenstreng.

De klasse der *ringwormen* komt noodzakelijkerwijze na de cirripedia, wijl een mantel ten eenen male ontbreekt. Wijders moeten ze per se voor de schaaldieren geplaatst worden, als behoorende niet tot de geleedpootigen—wier keten niet onderbroken mag worden—terwijl hun bouw een plaatsing na de insecten verbiedt.

Ofschoon deze dieren over het algemeen nog zeer weinig bekend zijn, zoo bewijst nochtans hun organisatie, dat ook voor hen de wet der degradatie of *trapsgewijze afklimming* geldt, wijl ze bij de *weekdieren* ten achter staan door het bezit van een zenuwknoopenstreng en bij de *cirripedia* door het gemis van een mantel.

Aan hun gewoonte, te leven in aarde, slik of water—(en dan meest in huizen van verschillend materiaal, die naar believen verlaten of betrokken kunnen worden)—danken de anneliden hun gestrekten vorm, die hen zoodanig op wormen doet gelijken, dat tot heden alle natuurvorschers ze ermee verward hebben.

Hun inwendige bouw vertoont zeer kleine hersenen, een overlangsche gangliënstreng, aderen en slagaderen, waarin het meest roodgekleurde bloed circuleert; zij ademen door kieuwen, nu eens inwendig en verborgen, dan weer uitwendig naar voren tredend.
[99]

Crustacea (Schaaldieren)

Dieren met geleed lichaam en gelede pooten, een verschaalde huid, een bloedvaatstelsel en ademend door kieuwen.

Hier betreden wij het terrein der talrijke gelede dieren, wier huidbekleeding stevig, verkorst, hoorn- of lederachtig is.

Hunne harde deelen bevinden zich alle uitwendig en wijl de natuur, die bij de onmiddellijke voorouders van deze klasse juist een spierstelsel had gevormd en daarvoor harde steundeelen noodig had, het systeem van geledingen heeft moeten invoeren, om beweging mogelijk te maken.

Door Linnaeus en zijn opvolgers werden alle gelede dieren tot een enkele klasse onder den naam *insecten* vereenigd; maar ten slotte heeft men ingezien, dat die groote dierenrij in eenige belangrijke afdeelingen moet worden onderscheiden. De klasse der *schaaldieren*, met die der insecten verward, ofschoon door alle klassieke natuurvorschers daarvan gescheiden, is dan ook een zeer natuurlijke groep, waard om in stand te blijven. Zij moet onmiddellijk op de *anne-*

liden volgen en neemt den achtsten rang in op de algemeene reeks der dieren; een beschouwing hunner organisatie eischt dat onvoorwaardelijk.

Immers, de *schaaldieren* bezitten een hart, aderen en slagaderen waarin een doorschijnende, bijna kleurlooze vloeistof circuleert; verder ademen alle door echte *kieuwen*. Dit is onloochenbaar en zal altijd moeilijkheden baren aan hen, die ze met alle geweld bij de insecten willen onderbrengen, uit hoofde hunner gelede pooten.

Schoon de *schaaldieren* door hun bloedsomloop en hun ademhalingsorgaan duidelijk onderscheiden zijn van de *spinachtigen* en *insecten*, en daardoor [100]kennelijk een hoogeren rang innemen, zoo hebben zij met de genoemde dieren in vergelijking met de *anneliden* dezen trek van minderwaardigheid gemeen, dat ze behooren tot de geleedpootigen, waarbij men het vaatstelsel, d.w.z. hart, aderen en slagaderen geleidelijk ziet verloren gaan, evenals de ademhaling door kieuwen. De crustaceeën bevestigen dus ook voor hun deel de voortdurende en *trapsgewijze afklimming* in organisatie (in de richting, waarin *wij* de dieren-scala doorloopen). Dat de circuleerende vloeistof doorschijnend en bijna kleurloos is, als bij de insecten, wijst eveneens op hun lagere rangorde.

Wat het zenuwstelsel betreft, dit bestaat uit zeer kleine hersenen en een overlangsche zenuwknoopenstreng, een kenmerk van verarming, gemeenschappelijk met de twee voorafgaande en twee volgende klassen, als zijnde deze de laatste met duidelijke zenuwen. Ook worden bij de schaaldieren de laatste sporen van een gehoororgaan gevonden (†).

Opmerkingen.

Hier eindigt het echte bloedvatstelsel, zooals we dat tot nu toe hebben aangetroffen. De volgende dieren zijn dus nog onvolmaakter georganiseerd dan de *crustaceeën*. Aldus openbaart zich de *degradatie* duidelijk, wijl, naarmate men in de dierenrij voortschrijdt, gaandeweg alle trekken van gelijkenis met de hoogste dieren worden uitgewischt. Welke ook de aard der vloeistofbeweging zij bij de hier na volgende dieren, zij voltrekt zich door minder werkzame middelen, en gaat steeds langzamer.

Arachnida (Spinachtigen)

Dieren, ademend door beperkte luchtbuizen (tracheeën) en zonder gedaanteverwisseling; steeds met gelede pooten en oogen aan den kop.

Voortgaande op de ingeslagen richting komt de [101]negende rang in het dierenrijk van zelf toe aan de *arachniden*; met de *schaaldieren* hebben zij zooveel gemeenschappelijks, dat men steeds gedwongen zal zijn, ze daar onmiddellijk achter te plaatsen. Niettemin zijn ze er duidelijk van onderscheiden, want ze toonen het eerste voorbeeld van een ademstelsel van lagere orde dan de *kieuwen*, dat nooit samengaat met een hart, slagaders en aders.

Inderdaad ademen de spinachtigen door huidopeningen (stigmata) en luchthoudende buizen, overeenkomstig die der insecten. Maar in stede van, gelijk bij de insecten, zich door het gansche lichaam uit te strekken, zijn deze tracheeën beperkt tot een klein aantal blaasjes; hetwelk aantoont, dat de natuur bij de *spinnen* afstand doet van dit adem-systeem, dat aan de *kieuwen* heeft moeten voorafgaan—evenals bij de visschen of de eerste reptielen de kieuwen weer verdwijnen,—om plaats te maken voor de echte *longen*.

Waar dus de *arachniden* zich scherp van de crustaceeën onderscheiden door hun stelsel van respiratie, zoo mogen ze evenmin met de insecten vereenigd worden, van wier klassieke type ze overigens, ook in inwendigen bouw, afwijken. De voornaamste verschilpunten van deze twee groepen zijn nl. de volgende:

1e. Zij ondergaan nooit eenige gedaanteverwisseling, worden dus geboren in hun definitieve gedaante, met oogen op den kop en gelede pooten; deze staat van zaken houdt verband met den inwendigen bouw, sterk afwijkende van dien der insecten.

2e. Bij hunne eerste orde (Ar. palpata) treft men den aanleg van een bloedsomloop aan5. [102]

3e. Het ademhalingsstelsel, ofschoon van dezelfde orde als dat der insecten, onderscheidt er zich toch sterk van, gelijk boven nader is aangegeven.

4e. Ten slotte planten zich de spinachtigen meerdere malen in het leven voort, welk vermogen de insecten missen. (†)6

Deze beschouwingen mogen voldoende doen uitkomen hoezeer ten onrechte men wel de *arachniden* en *insecten* tot één enkele klasse vereenigt, doordat de betreffende auteurs slechts letten op de gelede pooten en min of meer verharde huid. Dat zou ten naaste bij op hetzelfde neer komen, alsof men bijv. *visschen* en *reptielen* tot één klasse vereenigde, uitsluitend op grond van hun beider min of meer beschubde huid!

Wat betreft de *trapsgewijze afklimming* der organisatie, die wij voor de geheele dierenreeks navorschen, deze is bij de *arachniden* al bijzonder duidelijk; deze dieren bevestigen haar ook weer door hun minder volmaakte ademstelsel—dat bij de longen, zelfs bij de kieuwen ten achter staat—en door hun onvoltooiden bloedsomloop, blijkbaar nog in aanleg.

Deze afklimming laat zich ook nagaan bij de rij van soorten onderling, die tot deze klasse behooren; want de tweede orde derzelve (A. antennata) is belangrijk lager georganiseerd en staat veel dichter bij de insecten, waarvan ze niettemin door het ontbreken van elke gedaanteverwisseling onderscheiden is. En aangezien ze zich nooit in de lucht verheffen, strekken hunne tracheeën zich waarschijnlijk niet overal in alle lichaamsdeelen uit. [103]

De Insecten

Dieren met een gedaanteverwisseling, die hun ten slotte geeft: twee oogen, twee sprieten, zes gelede pooten en twee luchtbuizen, die zich door het heele lichaam uitstrekken.

Onzen weg vervolgende in tegengestelde richting aan de natuurlijke komen na de spinachtigen noodzakelijkerwijze de *insecten*, d.w.z. de onmetelijke reeks van lagere dieren, die aders en slagaders missen, ademen door uitgebreide luchtbuizen, en in onvolkomen staat geboren worden, hetgeen een *gedaanteverwisseling* meebrengt. In volwassen toestand bezitten alle insecten zonder uitzondering zes gelede pooten, twee antennen, twee oogen op den kop, en het meerendeel heeft alsdan ook vleugels.

In de door ons gevolgde rangorde nemen de insecten noodzakelijk de tiende plaats in, want ze staan in organisatie ten achter bij de spinachtigen, wijl ze niet—als deze—in volkomen staat geboren worden, en zich slechts eenmaal in het leven voortplanten (†).

Speciaal bij de *insecten* valt op te merken, hoe de "vitale" organen bijna gelijkmatig en meestentijds over de geheele uitgebreidheid van het lichaam verdeeld zijn, in stede van beperkt tot bepaalde afdeelingen van hetzelve, zooals dat bij de hoogste dieren het geval is. Deze eigenaardigheid verliest langzamerhand haar uitzonderingskarakter en wordt bij de na-komende klassen hoe langer hoe meer regel.

Nergens is de algemeene*degradatie* zoo duidelijk uitgedrukt als bij de *gekorven dieren*, die lager zijn georganiseerd dan alle voorafgaande klassen. Zij blijkt zelfs tusschen de verschillende natuurlijke orden der insecten onderling; want bij de eerste drie orden (kevers, recht- en net-vleugeligen) zijn [104]er boven- en onderkaken aan den mond; de vierde (vliesvleugeligen) begint een soort snuit te krijgen; de laatste vier ten slotte (vlinders, wantsen, vliegen, luizen) hebben inderdaad nog slechts een slurf (†). Na de eerste drie insectenorden worden gepaarde kaken dan ook nergens meer in het dierenrijk gevonden. Wat de vleugels betreft, de leden van de eerste 6 orden hebben er vier, waarvan er één of wel alle 2 paar tot vliegen dienen. Bij de zevende en achtste orde zijn er nog maar twee, of ze ontbreken geheel door reductie. De larven van de laatste twee orden missen de pooten en gelijken op wormen.

Blijkbaar zijn de *insecten* de laatste dieren met een duidelijke geslachtelijke voortplanting en echte eieren leggend. Uiterst merkwaardige bijzonderheden vallen voorts te vermelden omtrent de voortbrengselen van hun nijverheid; hunne gewrochten komen geenszins voort uit eenige gedachte, d.w.z. uit een combinatie van ideeën7.

Opmerkingen.

Zooals de visschen onder de gewervelde dieren in hun algemeene gedaante en de afwijkingen van den geleidelijken voortgang der bewerktuiging den invloed van hun levensomstandigheden vertoonen, zoo laten hier ook de *insecten* in hun vorm, bouw en gedaanteverwisselingen duidelijk de inwerking zien van de omringende lucht, waarin het meerendeel zich—als de vogels—kan verheffen en duurzaam verblijven.

Indien de *insecten* longen gehad hadden en zich konden opblazen met lucht, die al uitzettend in alle lichaamsdeelen ware doorgedrongen als bij [105]de vogels, dan zouden ongetwijfeld hun haren in veeren zijn veranderd (†).

En zoo men zich mocht verwonderen, dat er zoo weinig aanknoopingspunten bestaan tusschen de *insecten* met hun zonderlinge gedaanteverwisselingen en de overige ongewervelde dieren, zoo houde men in het oog, dat zij onder hen de eenige vliegers zijn, en dat zóó bijzondere omstandigheden en gewoonten hun zeer eigene resultaten wel moesten meebrengen. Slechts met de *arachniden* vertoonen zij een zekere overeenkomst en inderdaad zijn beide groepen, in het algemeen gesproken, de eenige evertebraten, die in de atmospherische lucht leven; nochtans vertoont geen enkele *spin* vlieg-vermogen of metamorphosen. En bij de behandeling van den invloed der levensgewoonten zal ik laten zien, dat door zich te gewennen aan een verblijf op den vasten grond en zich in schuilplaatsen terug te trekken deze dieren een deel van de vermogens der insecten hebben moeten verliezen en daartegenover die kenmerken verwerven, die hen er zoo in het oog vallend van onderscheiden.

Het verdwijnen van meerdere organen, die voor de hoogere dieren van essentieel belang zijn.

Na de *insecten* gaapt er in de rij der dieren een vrij belangrijke klove, door nog niet-waargenomen dieren alsnog te vullen. Want op dit punt gaan verscheidene lichaamsdeelen, die de hoogere dieren kenmerken, plotseling en volledig verloren, aangezien men ze niet meer terug vindt bij de klassen, die thans de revue zullen passeeren.

Verdwijnen van het zenuwstelsel.

Op dit punt gaat het *zenuwstelsel*—de zenuwen met hun verbindings-middelpunt—metterdaad geheel verloren, en vertoont zich niet meer bij de [106]hierna volgende klassen.—Bij de hoogste dieren bestaat het uit hersenen, die voor de intellectueele verrichtingen schijnen te dienen en aan de basis waarvan zich het centrum der gewaarwordingen bevindt, vanwaar zenuwen uitgaan, en een ruggemerg, dat eveneens zenuwen naar verschillende richtingen uitzendt.

Bij de vertebraten vallen de hersenen gaandeweg af, en naarmate hun inhoud vermindert gedijt het ruggemerg en schijnt hun plaats in te nemen.

Bij de weekdieren — de eerste klasse der evertebraten — bestaan de hersenen nog, maar geen ruggemerg of ganglieketen; door de weinige ganglien schijnen de zenuwen volstrekt niet knoopig.

Bij de vijf volgende klassen ten slotte krimpt het zenuwstelsel in tot hersenen van armzalige afmetingen en een overlangsche streng, vanwaar zenuwen naar de lichaamsdeelen verloopen. Van daar af is er geen apart centrum meer voor de gewaarwordingen, maar een menigte kleinere, over de geheele lengte van het dier verspreid.

Zóó eindigt bij de insecten het zoo belangrijke gevoelsorgaan, dat bij een zekeren graad van ontwikkeling het aanzijn geeft aan de gedachte; dat op grootsten trap van volmaking de verstandelijke werkzaamheid in al haar volheid kan doen ontstaan; de bron, waaruit ook de spieren hun kracht en zonder hetwelk geslachtelijke voortplanting niet schijnt te kunnen plaats hebben (†).

Het *verbindingscentrum* van het zenuwstelsel bevindt zich in de hersenen of hun basis, of in een ganglieketen. Zoo beide afwezig zijn, houdt het heele stelsel op te bestaan.

Verdwijnen van de geslachtsorganen.

Alle sporen van geslachtelijke voortplanting verdwijnen eveneens op dit punt, en bij de nog te [107]noemen dieren zijn bevruchtingsorganen inderdaad niet te onderkennen. Niettemin zullen wij bij de leden der twee navolgende klassen nog een soort van eierstokken aantreffen, gevuld met eivormige lichaampjes, die als eieren beschouwd worden. Maar die zoogenaamde eieren, die zich zonder voorafgaande ontwikkeling kunnen ontwikkelen, vat ik op als *inwendige knoppen* (†). Zij vormen den overgang tusschen de voortplanting met inwendige knopvorming tot de geslachtelijke met eieren.

De macht der gewoonte is bij den mensch zoo groot, dat hij, zelfs tegen beter weten in, geneigd is, om alle zaken op dezelfde manier te beschouwen. Aldus willen verscheidene plantkundigen, gewend om bij een groot aantal planten geslachtsorganen aan te treffen, aan *alle* zonder uitzondering overeenkomstige deelen toeschrijven. En zoo hebben zij dan met alle mogelijke moeite ook bij de "bedektbloeienden" meeldraden en stempels trachten te ontdekken, en liever aan zekere nog ondoorzochte deelen willekeurig bepaalde functies toegeschreven dan erkend, dat de natuur eenzelfde doel met heel verschillende middelen weet te bereiken.

Men heeft zich verbeeld, dat elk voortplantingslichaam een zaad of een ei moest zijn, d.w.z. een lichaampje, dat om te kunnen kiemen bevrucht moest worden. Dat heeft Linnaeus doen zeggen: *Omne vivum ex ovo*. Maar thans kennen wij planten en dieren genoeg, die zich volstrekt niet op de genoemde manier voorttelen, en bijgevolg ook geen bevruchting van noode hebben. De betreffende lichaampjes zijn dan anders van vorm en ontwikkeling.

Ziehier het beginsel, dat in het oog te houden is bij de beoordeeling van de voortplanting van [108]eenig levend wezen. Elk voortplantingslichaampje—hetzij plantaardig of dierlijk—dat zonder zich *van een hulsel te ontdoen* zich strekt en tot een plant of dier uitgroeit, gelijk aan het oorspronkelijk wezen, is géén zaad of ei; na den aanvang van den groei ondergaat het geenerlei kieming of ontluiking en tot zijne vorming is geen bevruchting noodig geweest. Het bevat dan ook geen embryo, besloten in omhulsels, waarvan het zich moet bevrijden, gelijk zaad en ei.

Als men nu nauwlettend de ontwikkeling van de voortplantingslichaampjes eener alg of paddestoel nagaat, zal men zien, dat het slechts behoeft te zwellen om dan ongemerkt uit te groeien tot den vorm van de moederplant.

Evenzoo kan men bij een poliep (bijv. *Hydra*) de ontwikkeling volgen van een knop (*gemma*) om zich te overtuigen, dat deze zich slechts strekt en groeit en volstrekt niet "uitkomt" als een kuiken of zijdeworm uit het ei!

Het is dus duidelijk, dat in vele gevallen de voortplanting niet geschiedt via een geslachtelijke bevruchting, en daarmede ook de geslachtsorganen ontbreken. En wijl men nu bij de vier, op de *insecten* volgende klassen geen bevruchtingsorganen meer aantreft, zoo heeft het er allen schijn van, dat op dit punt van den dierenketen de *geslachtelijke voortplanting* ophoudt te bestaan.

Verdwijnen van het gezichtsvermogen.
Ten slotte gaat het gezichtsorgaan, zoo nuttig voor de hoogere dieren, geheel verloren. Dit orgaan, dat bij de *rankpootigen* en een deel der *weekdieren* en *ringwormen* begon te ontbreken en vervolgens bij de *schaaldieren*, *spinachtigen* en *insecten* slechts wordt aangetroffen in hoogst onvolkomen vorm en van een uiterst beperkte functie, verschijnt [109]na de insecten bij geen enkel dier meer (†).

Hier verdwijnt ook nog de kop, dat zoo gewichtige lichaamsdeel voor de meer ontwikkelde dieren, zetel van de hersenen en bijna alle zintuigen. Immers, de verdikking aan het vooreinde van het lichaam bij sommige wormen (*Taenia*), veroorzaakt door de plaatsing der zuignappen, kan niet als een echte kop beschouwd worden, aangezien zij niet de zetel is der hersenen, noch van het gezicht of gehoor enz., al welke organen hier ontbreken.

Men ziet, dat op deze sport der dieren-ladder de afklimming in organisatie zeer schielijk geschiedt, en dat grooter vereenvoudiging van de dierlijke organisatie haar schaduwen sterk vooruitwerpt.

Vermes (Wormen)

Dieren met een week, lang lichaam, zonder kop, oogen, gelede pooten, zenuwstreng of bloedsomloop

Het geldt hier wormen, verstoken van een bloedsomloop, zooals de z.g. "*ingewandswormen*" en enkele vrijlevende, al even laag georganiseerd. Het zijn dieren met een week, min of meer verlengd lichaam zonder gedaanteverwisseling (†), kop, oogen of gelede pooten.

De *wormen* moeten onmiddellijk na de *insecten* en voor de *straaldieren* komen en den elfden rang in het dierenrijk innemen. Bij hen begint de neiging van de natuur naar een *geleden bouw*, welk stelsel dan bij de insecten, arachniden en schaaldieren tot zijn volle ontwikkeling komt. Maar de bij de insecten ten achterstaande organisatie der wormen zonder buikstreng, kop, oogen of echte pooten dwingt ons, ze achter deze te plaatsen. Dat voorts [110]de natuur, in voorbereiding van dien—nieuwen—geleden vorm zich losmaakt van het straalsgewijze type, noopt ons ze te rangschikken vóór de *straaldieren* zelf. Overigens gaat na de insecten ook het algemeene bouwplan van de voorgaande klassen verloren, nl. de symmetrische plaatsing der deelen, zoodanig, dat een iegelijk tegenover zijn spiegelbeeld staat. Bij de *wormen* mist men dit gespaarde stelsel, en het is aan het—in- en uitwendig—straalsgewijze gebouwde type der *radiaten* nog niet toe.

Sinds ik de groep der *annelida* heb opgesteld geven verscheidene natuurvorschers aan die ringwormen den naam van *vermes*; en, in ongelegenheid met de dieren, waarvan hier sprake is, vereenigen zij deze dan maar met de polypen. Aan den lezer het oordeel over het verband en de klassieke kenmerken, die het recht zouden verleenen, om een *lintworm* of *spoelworm* met een zoetwater- of andere *poliep* in een klasse te vereenigen!

Gelijk de insecten zoo schijnen sommigen wormen door tracheeën te ademen, uitmondende met een soort stigma. Maar er is alle reden te gelooven, dat deze korte "tracheeën" geen *lucht*, maar *water* bevatten, vermits deze dieren nooit in de atmospherische lucht leven en zonder uitzondering ondergedompeld zijn in water of een waterige vloeistof.

Uit het ontbreken van duidelijke bevruchtingsorganen maak ik op, dat geen geslachtelijke voortplanting meer bij hen plaats heeft (†). Het ware nochtans mogelijk, dat, evenals bij de *spinachtigen* het bloedvaatstelsel een aanvang neemt, dit bij de wormen met de geslachtelijke voortplanting het geval was. Hierop schijnen verschillende staartvormen bij de palissadenwormen te wijzen, maar goede waarnemingen omtrent deze voortplantingswijze bestaan hier nog niet. [111]

Wat men bij sommige van hen (zooals den *lintworm*) voor *eierstokken* houdt, zijn naar allen schijn slechts hoopen kiemlichaampjes, die zich zonder bevruchting kunnen ontwikkelen. Deze eivormige corpuskeltjes zijn inwendig als van een zeeëgel, inplaats van uitwendig, gelijk bij den korstpolyp (*Coryne*) enz. De polypen vertoonen dezelfde verschillen in de plaatsing hunner broedknoppen. Waarschijnlijk zijn dus de wormen inwendig *gemmipaar* (knopvormend).

Dieren als de wormen, zonder kop, oogen, pooten en wellicht ook zonder geslachtelijke voortplanting bewijzen dus ook hunnerzijds die trapsgewijze afklimming in organisatie, die wij voor de geheele dieren-scala pogen aan te toonen.

Radiata (Straaldieren)

Lichaam tot zelfherstelling geschikt, uit- en inwendig straalsgewijze gebouwd, zonder kop, oogen, of gelede pooten. Mond onderstandig

Volgens de gebruikelijke volgorde staan de *straaldieren* op den 12en rang in de heele dierenreeks en vormen een van de laatste drie klassen van de ongewervelde dieren.

Tot deze klasse genaderd ontmoet men hier een algemeene gestalte en een in- en uitwendige rangschikking der deelen en organen, tot nu toe in de natuur niet gebruikt. En wel vinden we hier een straalsgewijzen bouw rondom een as of middelpunt, die eerst bij de *polypen* een aanvang neemt, welke bijgevolg hieronder behandeld worden. Niettemin vormen de radiaten op de dieren-scala een duidelijk van de polypen onderscheiden trap, zoodat men ze onmogelijk meer daarmee kan verwarren, evenmin als de schaaldieren met de insecten of de kruipende dieren met de visschen. [112]

Immers, bij de straaldieren bemerkt men niet alleen nog ademhalingsorganen (watervaten of een soort tracheeën), maar ook bijzondere voortplantingswerktuigen, nl. "eierstokken" van onderscheidenen vorm, in afwijking van de polypen. Bovendien is het ingewandskanaal hier geen doodloopende zak met een enkele opening en heeft de mond steeds een eigenaardige, onderstandige plaatsing, verschillend van die bij de polypen.

Ofschoon de straaldieren zeer singuliere dieren zijn, zoo is het weinige omtrent hun organisatie bekende blijkbaar voldoende om hun den hier aangewezen rang toe te kennen. Evenals de wormen missen de radiaten kop, oogen, gelede pooten, bloedsomloop en wellicht ook zenuwen. Toch moeten zij *achter* de wormen komen, omreden de vermes hoegenaamd geen straalsgewijzen bouw vertoonen en onder hen voorts ook het gelede type zijn intrede doet.

Indien de straaldieren geen zenuwen hebben, zijn ze derhalve buiten staat tot *gevoelen*, en nog slechts prikkelbaar zonder meer (†); dit schijnt bevestigd te worden door waarnemingen aan levende *zeesterren*, aan wien men de armen heeft afgesneden zonder dat zij eenig teeken van pijn gaven.

Bij vele radiaten bestaan nog duidelijke vezels. Maar mag men daaraan den naam "spieren" geven, zonder te mogen beweren, dat spieren zonder zenuwen nog functioneeren kunnen? Heeft men in het plantenrijk geen voorbeelden van celweefsel met een vezeligen bouw, zonder deze als spiervezels te mogen beschouwen? Elk levend lichaam met vezels behoeft daarom nog geen spieren te bezitten, en het komt mij voor, dat er zonder zenuwen ook geen spierstelsel meer kan bestaan. Er is reden om aan te nemen, dat bij zenuwlooze dieren eventueel aanwezige vezels alleen door hun prikkelbaarheid [113]bewegingen kunnen bewerkstelligen, welke die der spieren vervangen, zij het met minder kracht (†).

Niet alleen schijnt bij de straaldieren het spierstelsel niet meer aanwezig te zijn, maar evenmin de geslachtelijke voortplanting (†). Inderdaad wijst niets erop, dat de ovale lichaampjes, die de z.g. *eierstokken* vormen, eenige bevruchting ondergaan of echte *eieren* zouden zijn: dat is des te onwaarschijnlijker, waar ze gelijkelijk bij alle individuen gevonden worden. Ik beschouw ze dus als reeds ontwikkelde inwendige knopjes en hun opeenhooping op bepaalde plaatsen als een voorbereiding van de natuur tot de geslachtelijke voortplanting.

De *radiaten* dragen ook hunnerzijds bij tot de bewijzen voor de algemeene trapsgewijze *afklimming* der dierlijke organisatie; men ontmoet bij hen een nieuwen vorm en rangschikking der deelen, sterk afwijkend van die in de vorige klassen. Overigens schijnen zij gevoel, spierbeweging en geslachtelijke voortplanting te missen. Bij sommige heeft het darmkanaal geen twee openingen meer; ook ziet men de opeenhoopingen eivormige corpuskeltjes verdwijnen en het heele lichaam geleiïg worden.

Opmerkingen.

Het schijnt, dat bij de lagere dieren, zooals *polypen* en *straaldieren* het middelpunt der vloeistofbewegingen nog eerst bestaat in het spijsverteringskanaal. Hier neemt het zijn aanvang, en langs den weg van dit kanaal dringen de *fijne* omringende *fluiden* hoofdzakelijk door om de beweging van de eigen sappen dezer dieren op te wekken. Wat ware het plantenleven zonder uitwendige prikkels, en wat zelfs de lagere vormen van dierenleven zonder [114]deze oorzaak, d.w.z. zonder de warmte en electriciteit van de omgeving?

Ongetwijfeld heeft door een serie van dergelijke middelen,— aanvankelijk nog zwak bij de *polypen*, later sterker bij de *radiaten* — de natuur den straalvorm tot aanzijn gebracht. Want de fijne binnengedrongen "vloeistoffen", hebben door hun uitzetting hun van het middelpunt uitstralenden druk den straalsgewijzen bouw moeten voortbrengen (†). Daardoor heeft dat nog zoo onvolkomen, blinde spijskanaal zich niettemin gecompliceerd door straalsgewijze, buisvormige, vaak vertakte aanhangsels in grooten getale.

Daardoor ontstaat zonder twijfel ook bij de weeke *radiaten*, zooals de kwallen, enz. die bestendige, regelmatige beweging, hoogstwaarschijnlijk een gevolg van de afwisseling tusschen de binnenstroomende fijne fluiden, de verbreiding in alle deelen en hun weer ontwijken. Men bewere niet, dat deze isochrone beweging het gevolg zou zijn van de ademhaling; want na de gewervelde dieren toont de natuur nergens meer afwisselende, regelmatige in- en uitadembewegingen (†). Hoe ook de ademhaling der straaldieren moge zijn, zij geschiedt uitermate langzaam en zonder merkbare bewegingen.

De Polypen

Dieren met een vrijwel geleiachtig lichaam, tot zelfherstelling geschikt. Geen ander bijzonder orgaan dan een spijsverteringskanaal met een enkele opening: een einstandige mond, met straalsgewijs vangarmen of een gewimperd raderorgaan

Genaderd tot de *polypen* hebben wij de voornaamste sport der dieren-scala bereikt, d.w.z. op [115]een na de laatste klasse. Hier komt de onvolkomendheid en eenvoud van organisatie dermate sterk uit, dat deze dieren welhaast geen vermogens bezitten en men langen tijd aan hun dierlijken aard getwijfeld heeft.

Deze dieren zijn knopvormend, in 't bezit van een homogeen, bijna geheel geleiachtig, in allen deele sterk regeneratief lichaam, dat den straalvorm, die hier in de natuur zijn intrede doet, nog slechts in de rangschikking der vangarmen rond den mond vertoont. Er is geen ander bijzonder orgaan dan een darmkanaal met slechts een opening en derhalve onvolledig.

Men kan zeggen, dat de *polypen* op lager trap staan dan alle voorafgaande dieren, als hebbende geen hersenen, noch mergstreng, noch bijzondere ademhalingsorganen, noch bloedvaatstelsel, noch eierstokken. Hun lichaamssubstantie is o.z.t.z. gelijksoortig en bestaat uit een geleiïg, prikkelbaar *celweefsel* waarin de vloeistoffen zich langzaam voortbewegen. Alle ingewanden bepalen zich tot een onvolkomen, zelden gekronkeld of geappendeerd spijsverteringskanaal, in het algemeen slechts op een langen zak gelijkend met een enkele opening, tot mond en anus tegelijk dienende.

Men is niet gerechtigd tot de meening, dat bij de onderhavige dieren al die opgemelde organen niettemin uiterst gereduceerd aanwezig zijn, verspreid in en vermengd met de algemeene lichaamssubstantie en gelijkelijk verdeeld over de kleinste deeltjes instede van op bepaalde plaatsen gelocaliseerd te zijn en dat bijgevolg ieder punt van het lichaam gewaarwordingen zou kunnen ondergaan, en spierbeweging, wil of gedachte vertoonen; dit ware ontbloot van allen grond of waarschijnlijkheid. Immers, op grond eener dergelijke veronderstelling zou men kunnen zeggen, dat Hydra [116]op alle punten van haar lichaam alle organen der meest volkomen dieren nog bezat, dus op elk punt zag, hoorde, rook, proefde, enz., en bovendien gedachten had, oordeelen velde, kortom redeneerde. Ieder molecuul bijv. van den *zoetwaterpolyp* ware alsdan op zijn eentje een volmaakt dier en de hydra zelve ware nog volkomener dan de mensch, wijl elk van haar kleinste deeltjes in organisatie en functie gelijkwaardig ware aan een geheel exemplaar van het menschelijk ras. — En waarom zou men dezelfde redeneering niet uitbreiden tot de *monade*, het laagst-bekende dier, en vervolgens zelfs tot de *planten*, die toch óók leven! Men zou dan aan alle moleculen eener plant alle genoemde vermogens moeten toeschrijven, zij het ook beperkt binnen grenzen al naar den aard van het betreffende levende wezen.

Maar het natuuronderzoek wijst geenszins op een dergelijk resultaat; het leert ons integendeel, dat overal tegelijk met een orgaan ook zijn functie verdwijnt. Een blind (of blind gemaakt) dier kan niet zien, en ofschoon de onderscheidene *zinnen* hun oorsprong blijken te nemen in het *tastgevoel*, hetwelk in elk van hen slechts op verschillende manier gewijzigd is, zoo zal toch een dier zonder *zenuwen* nooit gewaarwordingen kunnen ondergaan, wijl het geen innerlijk besef van zijn bestaan heeft en evenmin een middelpunt, waarop die gewaarwordingen moesten worden betrokken; en bijgevolg kan het ook niet voelen.

De *tastzin*, die grondslag van de andere zintuigen, verbreid als zij is in bijna alle lichaamsdeelen, der geïnnerveerde dieren, is niet meer aanwezig bij dieren zonder zenuwen, gelijk de *polypen*. Bij hen zijn de deelen nog slechts *prikkelbaar*, en wel in zeer sterke mate. Maar hen ontbreekt 't gevoel en dus ten eenen male alle gewaarwording. Immers, [117]voor het tot stand komen van deze laatste wordt vooreerst een ontvangend orgaan vereischt (zenuwen), en vervolgens een of ander middelpunt waarop die gewaarwordingen kunnen betrokken worden (hersenen of knoopige mergstreng).

Een gewaarwording is steeds het gevolg van een ontvangen en onmiddellijk naar een inwendig verzamelpunt geleiden indruk, waar zij dan "gevormd" wordt. Verbreek de verbinding tusschen het receptorische orgaan en de plaats, waar zich de gewaarwording "vormt", en ieder gevoel zal op dit punt ophouden; dit beginsel is onweerlegbaar.

Geen *polyp* kan werkelijke *eieren* voortbrengen, aangezien geen enkele bijzondere voortplantingsorganen bezit. Immers, voor echte z.g. "oviparie" is het niet voldoende, dat het dier een *eierstok* bezit, maar bovendien moet hetzelf, of een ander individu van zijn soort een apart bevruchtingsorgaan hebben en niemand zou bij de polypen een dergelijk orgaan kunnen aantoonen, terwijl men bij vele van hen zeer goed de "broed-knoppen" kent, die bij nadere beschouwing slechts meer zelfstandige insnoeringen van het dierlijk lichaam blijken, zij het ook minder eenvoudige dan wij bij de laatste dierklasse aantreffen.

De zoo bij uitstek prikkelbare *polypen* bewegen zich slechts op prikkels van buiten af, en deze bewegingen voltrekken zich algemeen zonder wilsdaden, en zonder mogelijkheid van keuze, daar de polypen geen wil hebben kunnen. Zij wenden zich altijd naar het licht, evenals dat, ofschoon langzamer, met takken, bladeren of bloemen het geval is. Geen enkele *polyp* achtervolgt haar prooi of zoekt er naar met zijn voelarmen; maar als deze aangeraakt worden door een of ander vreemd voorwerp, dan houden zij het vast, brengen [118]het naar den mond en de polyp verzwelgt het, eetbaar of nutteloos, zonder eenig onderscheid. In het eerste geval voedt hij zich ermee, met teruggave van de onverteerbare resten; in het tweede geval werpt zij het na eenigen tijd in zijn geheel weer uit zijn spijsverteringskanaal; maar bij dat alles heerscht dezelfde noodzakelijkheid van handelen en nooit een mogelijkheid van keuze, tot variatie.

Groot en ingrijpend is het verschil tusschen *polypen* en *straaldieren*: inwendig vindt men bij een polyp geen straalsgewijs gerangschikte deelen; alleen de tentakels hebben die plaatsing, d.w.z. dezelfde als de armen der *koppootige weekdieren*, die geen mensch toch verwarren zal met de radiaten. Overigens is bij de *polypen* de mond boven- en eind-standig, maar bij de *radiaten* anders.

De naam *zoöphyten* of dier-planten past geenszins voor de *polypen*, wijl zij uitsluitend en volkomen dieren zijn met algemeen bij de planten ontbrekende functies, t.w. echte *prikkelbaarheid* en *spijsvertering* en wijl hun aard ten slotte in wezen niets van een plant heeft. De eenige punten van overeenkomst tusschen beide zijn. 1e. Een overeenkomstige eenvoud van organisatie; 2e. De onderlinge samenhang en de gemeenschap van het darmkanaal bij vele polypen, waardoor samengestelde dieren ontstaan. 3e. Ten slotte vormen deze vereenigde polypen massa's, die een uitwendige gelijkenis met planten vertoonen, wijl zij dikwerf op dezelfde wijze vertakt zijn.... De monden van de *polypen* (een of vele) voeren altijd tot een darm-, d.w.z. een spijsverteringskanaal, hetwelk bij alle planten ontbreekt.

Zoo de vanaf de zoogdieren vervolgde *trapsgewijze afklimming* in organisatie ergens duidelijk is, dan is zij dat voorzeker wel onder de *polypen*, wier bouw tot een uiterste van eenvoud zich bepaalt. [119]

De Infusoria (Afgietseldiertjes)

Uiterst kleine, geleiachtige, doorzichtige, homogene en zeersamentrekbare diertjes, zonder eenig duidelijk inwendig orgaan (behoudens eivormige knoppen) noch straalsgewijze tentakels of raderorganen aan de buitenzijde

Hier zijn wij eindelijk aangeland bij de laatste klasse van het dierenrijk, in elk opzicht de minst volkomene van alle, d.w.z. het eenvoudigst van organisatie en 't minst begaafd, wier leden eigenlijk nog slechts schijnen te verkeeren in den voorhof van het dierlijke leven.

Tot nu toe had ik deze kleine diertjes vereenigd met de klasse der polypen onder den naam *Amorpha*, wijl zij geen standvastige, specifieke vormen vertoonen. Maar ik heb de noodzakelijkheid ingezien, ze daarvan te scheiden om een afzonderlijke klasse te vormen, hetgeen echter niets aan den hun toegekenden rang afdoet. Het heele gevolg van die verandering bepaalt zich tot een scheidslijn, kennelijk vereischt door hun eenvoudiger bouw en het ontbreken van straalgewijs geplaatste voelarmen en raderorganen.

De organisatie der *infusoriën* wordt van geslacht tot geslacht steeds eenvoudiger; de laatste genera vertoonen ons a.h.w. het uiterste stadium van dierlijkheid, voorzoover voor ons bereikbaar. Vooral bij de tweede orde kan men zich overtuigen, dat elk spoor van darmkanaal, mond of eenig bijzonder orgaan ontbreekt, in een woord: geen spijsvertering meer plaats grijpt.

Het zijn slechts uiterst kleine, gelatineachtige, doorzichtige, samentrekbare en homogene lichaampjes, samengesteld uit een bijna vloeibaar en niettemin op alle punten prikkelbaar celweefsel (†). [120]Zij schijnen slechts bezielde, althans bewegende punten die zich voeden door een voortdurende opslorping of drenking en ongetwijfeld worden zij belevendigd door de omringende fijne fluida, zooals *warmte* en *electriciteit*, die in hen de levensbewegingen opwekken.

Hoe inhoudsloos ware de veronderstelling, dat alle van de overige dieren bekende organen ook bij de infusoren voorkwamen, maar dan verspreid over het heele lijfje. Inderdaad leert de uiterst zwakke, bijna nietige gesteldheid dezer geleiklompjes het overbodige van dergelijke organen, die toch niet zouden kunnen functioneeren. Immers om te kunnen reageeren op de fluiden en hun eigen functie uit te oefenen is voor organen een zekere vastheid en stevige houvast noodig; bij deze teere wezentjes kan dat dus niet verondersteld worden.

Alleen in de onderhavige klasse schijnt de natuur oervoortbrenging of *generatio spontanea* te plegen, telkens, onder gunstige omstandigheden, herhaald. En wij zullen trachten aan te toonen, dat uitsluitend hierop de mogelijkheid berust om in een enorm tijdsverloop langs indirecten weg alle andere diersoorten te vormen. De grond voor het geloof, dat de *afgietseldiertjes*—althans de meerderheid van hen—door *generatio spontanea* ontstaan is, dat deze teere schepseltjes in het ongunstige jaargetijde bij lagere temperatuur alle omkomen; en men zal toch voorzeker niet veronderstellen dat zoo'n broos wezentje een overwinterknop van voldoende vastheid kan vormen, die deszelfs bestaan bij warm weer wederom kan voortzetten. (†)

Men vindt *infusoren* in stilstaand water, aftreksels van plantaardige of dierlijke stoffen en zelfs in het zaadvocht der hoogstaande dieren. Men [121]vindt hen in alle deelen der aarde, maar alleen in zoodanige omstandigheden, waarin zij kunnen ontstaan.

Zoo zien wij bij het achtereenvolgens beschouwen van de verschillende dierlijke organisatiestelsels vanaf de meest samengestelde tot de eenvoudigste de *trapsgewijze afklimming* daarvan, beginnende met de meest volkomen dieren zelve, vervolgens van klas tot klasse voortschrijdende—ofschoon met *afwijkingen* ten gevolge van verschillende typen van omstandigheden—om te eindigen met de infusoriën, wier bewerktuiging het allereenvoudigst en onvolkomenst is, gelijk boven nader uiteengezet is.

Speciaal bij de *ongewervelden* hebben wij achtereenvolgens alle bijzondere organen, zelfs de meestbelangrijke, gaandeweg zien degradeeren, minder specifiek en afgezonderd worden en ten slotte volkomen verdwijnen, lang vòòr het ander einde van de heele keten is bereikt. Ja, nog voor wij het rijk der vertebraten verlaten zien we reeds groote verschillen in volkomenheid der organen en sommige, zooals urineblaas, middenrif, stemorgaan, oogleden enz. gaan geheel te loor. Zoo begint bijv. de long, dat volmaakte ademhalingswerktuig, bij de reptielen te ontaarden, verdwijnt 't bij de visschen om bij geen enkel ongewerveld dier weer terug te keeren. Het geraamte tenslotte, dat mede den grondslag vormt van de vier ledematen bij de meeste vertebraten, begint vooral bij de reptielen achteruit te gaan, om bij de visschen geheel op te houden.

Maar de ongewervelde dieren verliezen gaandeweg hart, hersenen, kieuwen, samengestelde klieren, bloedvaten en de organen voor het gehoor, gezicht, geslachtelijke voortplanting, gevoel en beweging. Immers, zooals reeds werd opgemerkt, zou men [122]bij een polyp vergeefs de minste sporen van zenuwen of spieren zoeken, zoodat zij dan ook zoowel gevoel als willekeurige beweeglijkheid derft, aangezien de wil altijd een handeling is van het verstandsorgaan en het dier van iets dergelijks absoluut verstoken is.

Des te beter is echter de prikkelbaarheid ontwikkeld, en zoo zijn dan alle bewegingen het noodwendig resultaat van buiten af in de irritable deelen ontvangen indrukken en voltrekken zij zich zonder de mogelijkheid van keuze.

Plaatst men een *zoetwaterpolyp* in een glas water in een kamer, waarin het licht slechts door één venster, dus van één zijde, binnenkomt, dan zal hij zich op een bepaald punt van het glas vastzetten. Draait men hetzelve dan een halven slag om, dan ziet men zich de *Hydra* langzaam begeven naar de belichte plek en hier blijven zoolang de toestand ongewijzigd is. Evenals ook de plantendeelen zich geheel onwillekeurig naar het licht draaien.

Zonder twijfel houdt tegelijk met een orgaan ook de betreffende functie op te bestaan, maar bovendien ziet men duidelijk, dat naarmate een orgaan verarmt en verkomt ook de functie naar verhouding minder scherp en volkomen wordt. Zoo zijn, bij het afdalen van het samengestelde tot het eenvoudige, de insecten de laatste dieren met oogen, maar er is alle reden om aan te nemen, dat zij zeer onduidelijk zien en er weinig gebruik van maken.... In diezelfde volgorde de verschillende stelsels van bewerktuiging beschouwende hebben wij trapsgewijze afklimming van de organisatie en van de afzonderlijke organen tot hun volkomen verdwijning als een goed vastgesteld feit bevonden.

Deze afklimming vertoont zich zelfs in aard en samenstelling van de lichaamsvochten en het vleesch der dieren; want bij zoogdieren en vogels [123]zijn dit de meest-samengestelde en krachtigst levende stoffen uit de weeke deelen van het lichaam. Na de visschen gaan deze stoffen dan ook doorloopend achteruit, totdat bij de polypen, de weeke straaldieren en vooral bij de infusoren het voornaamste lichaamsvocht nog slechts waterachtig is en het vleesch niet meer dan een geleiïge, nauwelijks "verdierlijkte" massa. Een daarvan getrokken bouillon zou zonder twijfel al heel weinig geneeskrachtig en versterkend zijn voor den mensch!

Of men nu deze belangwekkende feiten al of niet erkent, toch zullen altijd zij hierop stuiten, die de heerschende vooroordeelen te boven komen, nauwlettend de feiten waarnemen en op de verschijnselen, wetten en stagen gang van de natuur acht geven.

Nu zullen wij tot een onderzoek van anderen aard overgaan en trachten te bewijzen, dat de omstandigheden der verblijfplaatsen een grooten invloed op de handelingen der dieren en als gevolg daarvan volgehouden vermeerderd of verminderd gebruik van een orgaan oorzaken zijn van het wijzigen van organisatie en vorm der dieren en het aanzijn geven aan afwijkingen van de voortschrijdende samenstelling der dierlijke organisatie. [124]

1 Robben (vert.)

2 Robben (vert.)

3 Waar de vogels doorboorde longen en tot veeren omgevormde haren hebben als gevolg van hun luchtleven, zal men mij vragen, waarom dan de vleermuizen ook geen dergelijke longen en veeren bezitten? Ik antwoord, dat de vleermuizen waarschijnlijk, als zijnde hooger georganiseerd, door de aanwezigheid van een middenrif, dat het uitdijen der longen beperkt, er niet in geslaagd zijn deze te doorboren, noch zich voldoende op te blazen, zoodanig dat de lucht, met kracht de huid bereikende, aan de hoornstof der haren het vermogen kon geven, zich tot veeren te vertakken. Immers, bij de vogels dringt de lucht het "haarzakje" binnen, verandert de basis in een buisje, en dwingt deze haren zich uit te pluimen. Bij de vleermuizen is dat onmogelijk, wijl de lucht niet buiten de longen treedt. (†)

4 Lepas, Balanus, Coronula, Tubicinella.

5 "Juist bij de spinnen is het hart gemakkelijk aan te toonen. Bij de onbehaarde soorten kan men het door de huid heen zien kloppen. Bij verwijdering daarvan bemerkt men [102n]een hol, langwerpig, voor en achter puntig orgaan, tot aan het kopborststuk loopende, en van waaruit ter weerszijden duidelijk twee of drie paar vaten verloopen" (*Cuvier, Anat. Comp.* vol. IV, p. 1419.

6 De kever Calosma o.a. paart ongeveer 3 keer en leeft meerdere jaren (vert.)

7 In verband met p. 31 is wellicht "industrie" hier bedoeld als de psychische gesteldheid, die aan deze verrichtingen ten grondslag ligt (vert.)

Hoofdstuk VII

Van den invloed der omstandigheden op handelingen en gewoonten der dieren en van deze als oorzaken die hun samenstelling en deelen wijzigen

et betreft hier niet een redeneering zonder meer, maar het onderzoek van een positief feit, algemeener dan men denkt en waaraan men verzuimd heeft die aandacht te schenken, waarop het zonder twijfel recht heeft, omdat het meestal moeilijk te onderkennen is. Dit feit bestaat uit den invloed, dien de omstandigheden uitoefenen op de aan hen onderworpen levende wezens.

Men heeft inderdaad reeds sinds lang den invloed opgemerkt van de verschillende toestanden van ons organisme op ons karakter, onze neigingen, handelingen, jazelfs op onze ideeën, maar het komt mij voor dat niemand nog (omgekeerd) dien van onze handelingen en gewoonten op ons organisme heeft leeren kennen. Daar nu deze handelingen en gewoonten geheel afhangen van de omstandigheden, waarin wij gemeenlijk verkeeren, zoo zal ik trachten aan te toonen hoe groot de invloed is, dien deze uitoefenen op den algemeenen vorm, den toestand der deelen en zelfs op de samenstelling der levende wezens. Zoo zal er dan van dit zeer wisse feit in dit hoofdstuk sprake zijn.

Hadden wij niet veelvuldig gelegenheid gehad den klaarblijkelijken invloed te leeren kennen, uitgeoefend op levende wezens die zijn gebracht onder geheel nieuwe omstandigheden, zeer verschillend van die, waaronder zij zich eerst bevonden, en hadden wij de daaruit volgende veranderingen niet [125]voor onze oogen zien ontstaan, zoo zou het belangrijke feit, waarom het hier gaat, voor altijd onbekend gebleven zijn.

De invloed der omstandigheden op al wat leeft is overal en altijd daadwerkelijk geldig; maar wat voor ons dien invloed moeilijk merkbaar maakt is, dat zijn gevolgen eerst na langen tijd voelbaar of herkenbaar worden, vooral bij de dieren.

Alvorens nu de gronden uiteen te zetten voor dit feit, dat onze aandacht verdient en zeer belangrijk is voor de *Zoölogische Philoso-*

phie willen wij den draad van onze begonnen beschouwingen weer opvatten.

In het voorgaande hebben wij gezien, als een tegenwoordig onweerlegbaar feit, dat men bij de beschouwing van den "levensladder" in een richting, tegengesteld aan de natuurlijke, in de samenstellende elementen een aanhoudende maar onregelmatige *trapsgewijze afdaling* vindt, een toenemende vereenvoudiging in de organisatie der levende wezens en tenslotte een overeenkomstige afname van het aantal functies.

Dit wel bekende feit nu kan een belangrijk licht werpen op het systeem, dat de natuur gevolgd heeft in het voortbrengen van de tot aanzijn geroepen dieren. Maar het zegt ons niet, waarom de dierlijke organisatie in haar groeiende samenstelling vanaf de onvolmaakste tot de meest volkomene een onregelmatige*trapsgewijze opklimming* vertoont, wier verloop veelvuldige afwijkingen te zien geeft, die in hun verscheidenheid geen enkele klaarblijkelijke regelmaat hebben. Als men bij het zoeken naar de reden daarvan nagaat het resultaat der invloeden door oneindig-verscheidene omstandigheden in alle deelen van den aardbol uitgeoefend op algemeenen vorm en deelen der dieren, dan wordt alles duidelijk verklaard. Het zal inderdaad blijken, dat de toestand, waarin wij alle dieren aantreffen [126]eenerzijds het product is van de toenemende *samengesteldheid* van bewerktuiging, die streeft naar het vormen van een *regelmatige opklimming* en anderzijds van een menigte uiteenloopende omstandigheden, die voortdurend trachten dien regelmaat te verstoren.

Hier wordt het noodig een verklaring te geven omtrent den zin, dien ik hecht aan deze uitdrukkingen. *De omstandigheden beïnvloeden vorm en bewerktuiging der dieren*, d.w.z. dat zij, zelf anders wordende, door overeenkomstige wijzigingen mettertijd zoowel vorm als bewerktuiging veranderen.

Zeker, als men deze uitdrukkingen letterlijk opvatte, zou men mij een fout kunnen verwijten; immers, welke ook de omstandigheden zijn, zij beïnvloeden nooit direct vorm of samenstelling der dieren.

Maar, groote veranderingen in omstandigheden brengen groote wijzigingen in de behoeften der dieren teweeg, en deze noodzakelijkerwijze weer in de handelingen. En als de nieuwe behoeften constant of van langen duur worden nemen de dieren nieuwe *gewoonten* aan, even duurzaam als die behoeften. Ziedaar iets gemakkelijk aantoonbaars dat zelf geen enkele verklaring behoeft om als waar gevoeld te worden.

Het blijkt dus duidelijk, dat zoodra een groote verandering in omstandigheden standvastig geworden is voor een dierenras, zij tot gewoonten leidt.

Als nu voorts nieuw-bestendigde omstandigheden een dierenras nieuwe, tot *gewoonte* geworden handelingen hebben bijgebracht, dan zal gevolgelijk het betreffende deel bij voorkeur boven andere gebruikt worden, in andere gevallen ook een of ander nutteloos geworden onderdeel geheel in onbruik geraken.

Niets van dit alles moet als bloote onderstelling [127]of persoonlijke meening beschouwd worden; het zijn integendeel waarheden die tot hun rechtvaardiging slechts opmerkzaamheid en waarneming van feiten vereischen.

Door het noemen van bekende en getuigende feiten zullen wij noodzakelijk zien, dat eenerzijds, zoodra nieuwe gewoonten een orgaan noodig gemaakt hebben, zij dit ook werkelijk door aanhoudende inspanning doen ontstaan, en dat voortdurend gebruik het zoetjesaan versterkt, ontwikkelt en tenslotte aanzienlijk vergroot. Anderzijds zullen wij zien, dat wanneer in sommige gevallen nieuwe omstandigheden en behoeften een of ander onderdeel geheel nutteloos hebben gemaakt, het totale onbruik daarvan dan oorzaak is, dat het gaandeweg ophoudt met ontwikkeld te worden, terwijl de andere organen daarmee voortgaan; dat het meer en meer vermagert en tenslotte, als het lang zoo duurt, eindigt met te verdwijnen. Dat alles is zeker: ik stel me voor, er de meest overtuigende bewijzen voor te geven.

Bij de planten, waar in het geheel geen "handelingen" voorkomen en bijgevolg ook geen eigenlijk gezegde *gewoonten*, brengen groote veranderingen in omstandigheden niettemin groote verschillen in ontwikkeling der deelen mede; zoodat sommige ontstaan en zich ontwikkelen, andere verminderen en verdwijnen. Maar hier voltrekt zich alles door veranderingen, teweeggebracht in de voeding van het gewas, in zijn absorptie en uitwaseming, in de hoeveelheid warmte, licht, lucht en vochtigheid, die het anders gewoonlijk ontvangt; tenslotte in het overhand nemen van sommige levensfunctiën boven andere.

Tusschen de individuen van dezelfde soort, waarvan sommige voortdurend goed gevoed worden en verkeeren in gunstige ontwikkelingsvoorwaarden, andere daarentegen in tegengestelde positie, ontstaan [128]hoe langer hoe opmerkelijker verschillen in gesteldheid. Hoeveel voorbeelden zou ik niet kunnen opsommen van dieren en planten, die deze beschouwing bevestigen! Indien wijders de toestand der slecht gevoede, lijdende of kwijnende dieren bestendigd wordt onder dezelfde omstandigheden, zoo wordt daardoor tenslotte hun inwendige samenstelling gewijzigd. En hun nageslacht bewaart de verkregen veranderingen en eindigt met een zeer afwijkend ras te leveren.

Een zeer droge lente veroorzaakt slechten groei der weidegrassen, die mager en armzalig blijven en desondanks toch bloeien en vrucht geven.

Een lente met afwisselend warm en vochtig weer doet deze zelfde grassen welig groeien en de hooioogst is dan voortreffelijk.

Maar indien een of andere oorzaak de ongunstige omstandigheden bestendigt zullen zij overeenkomstig gaan afwijken, eerst in hun algemeen voorkomen en vervolgens in meerdere karaktereigenschappen.

Als bijvoorbeeld een korrel van een of ander weidegras hoogerop overgebracht wordt naar een droog steenachtig winderig bergweidje, en er ontkiemt, dan zal de daar opgroeiende plant altijd slecht gevoed worden. En als de nakomelingen ad hoc hun bestaan onder die slechte omstandigheden voortzetten zal er een ras ontstaan, wezenlijk verschillend van het in de vlakte levende waarvan het afstamde. De leden van dat nieuwe ras zullen klein zijn en minnetjes van afmetingen en sommige hunner deelen zullen eigenaardige verhoudingen vertoonen, als zijnde meer ontwikkeld dan andere.

Zij die veel hebben waargenomen en de groote verzamelingen geraadpleegd, hebben zich kunnen overtuigen, dat naarmate de omstandigheden van woonplaats, ligging, klimaat, voedsel, levensgewoonten enz. voor de dieren veranderen, de eigenschappen

[129]van wasdom, vorm, verhoudingen tusschen de onderdeelen, kleur, gesteldheid, bewegelijkheid en kunstvaardigheid1 zich overeenkomstig wijzigen.

Wat de natuur in den loop der eeuwen volvoert, dat doen wij altoos, wanneer wij plotseling voor een levend gewas de omstandigheden veranderen, waaronder al zijn exemplaren verkeerden.

Alle plantkundigen weten, dat de gewassen, bij overbrenging van hunne oorspronkelijke groei-plaatsen naar kweektuinen, van lieverlede veranderingen ondergaan, die hen tenslotte onherkenbaar maken. Vele planten met sterke beharing verliezen deze geheel of ten naaste bij; verscheidene liggende of kruipende vormen richten hun stengel weer op; andere verliezen er hun stekels of ruwe oppervlak; weer andere veranderen hunne houtachtigheid in de tropische groeiplaatsen tot een kruidachtigen toestand bij ons en sommige daaronder zijn nog slechts eenjarige planten. Ten slotte ondergaan de afmetingen hunner deelen zelf zeer aanzienlijke wijzigingen. Deze gevolgen van klimaatsverandering zijn zoo bekend, dat de botanici bij voorkeur geen tuinplanten beschrijven, tenzij eerst voor kort aangevoerd.

Is de gekweekte tarwe (Tricitum sativum) niet door den mensch tot zijn tegenwoordigen toestand gebracht? Men zegge mij in welk land een dergelijke plant van nature voorkomt, d.w.z. zonder ergens in de buurt te zijn gecultiveerd?

Waar vindt men in de natuur onze koolen, saladen, enz. zóó als in den moestuin? Staat het niet evenzoo met verscheidene dieren die de getemde staat ingrijpend gewijzigd heeft?

Wat een verschillende rassen van huis-hoenders en -duiven hebben we niet gekregen door ze te fokken [130]in verschillende landen en omstandigheden en hoe vergeefs zou men die thans in de natuur terugzoeken!

Zij die het minst veranderd zijn (ongetwijfeld door hun recente temming en door niet in een vreemd klimaat te leven), laten niettemin in sommige deelen groote verschillen zien, veroorzaakt door de gewoonten, die wij hen hebben laten aannemen. Zoo vinden we onze eenden en ganzen terug in hun wilde verwanten, maar de onze hebben het vermogen verloren om zich in de hooge regionen van de lucht te verheffen en groote afstanden vliegende af te leggen; in een woord, er heeft zich een werkelijke toestandsverandering voltrokken, vergeleken met de dieren van de oorspronkelijke soort.

Wie weet er niet, dat een of andere vogel uit onze luchtstreken, dien wij in een kooi grootbrengen, en een jaar of vijf zes in het leven houden, vervolgens weer, aan zijn natuurlijke vrijheid teruggegeven, niet meer in staat is om te vliegen als zijn soortgenooten, die de vrijheid nooit hebben gemist? Deze kleine verandering van omstandigheden heeft weliswaar bij dat exemplaar niets gedaan dan het zijn vliegvermogen te ontnemen en zonder twijfel geen enkele verdere wijziging teweeggebracht. Maar indien gedurende een lange reeks van generaties individuen van diezelfde soort geruimen tijd in gevangenschap waren gehouden, zou zonder twijfel hun gestalte in allen deele ingrijpende veranderingen ondergaan hebben. A fortiori indien dit terzelfder tijd vergezeld was gegaan van een sterkere klimaatswijziging en die exemplaren gaandeweg gewend waren geworden een ander soort voedsel en andere methoden om dat te bemachtigen; voorwaar, deze omstandigheden zouden tezamen, constant geworden, een geheel nieuw, apart ras hebben doen ontstaan!

Waar vindt men thans in de natuur die menigvuldige [131]*hondenrassen* die wij als huisdieren tot hun tegenwoordigen toestand hebben gebracht? Waar die doggen, hazewinden, poedels, patrijshonden, langharige schoothondjes, enz. enz., welke rassen onderling nog meer verschillen, dan in het wild levende, die wij als echte soorten onderscheiden?

Ongetwijfeld is een enkel uitgangsras, zeer verwant met den wolf—indien al niet deze zelf—te eeniger tijd tot huisdier getemd. Dat ras, dat toen nog geen enkel verschil tusschen zijn individuen aan kon wijzen, is gaandeweg door den mensch in verschillende landen en klimaten verspreid; en na eenigen tijd hebben deze zelfde individuen onder den invloed van de verblijfplaatsen en verschillende gewoonten die men hen in elk land heeft doen aannemen, doordaar merkwaardige veranderingen ondergaan en onderscheidene bijzondere rassen gevormd. Nu kan de mensch—die zich voor handels- of andere belangen over enorme afstanden verplaatst—in een groote stad verschillende hondenrassen, uit verre landen stammende, tezamengebracht hebben en kan hun kruising achtereenvolgens het aanzien gegeven hebben aan alle tegenwoordige rassen.

Voor de planten bewijst het volgende feit, hoezeer de verandering van een belangrijke omstandigheid de vormen kan beïnvloeden.

Zoolang *Ranunculus aquaticus* ondergedoken leeft zijn de bladeren alle fijn ingesneden met haarvormige slippen; maar als de stengels de oppervlakte bereiken worden de lucht-bladen verbreed, afgerond en eenvoudig gelobd. Indien eenige scheuten van dezelfde plant komen te groeien op vochtigen, niet-ondergeloopen grond, dan zijn de takken kort en de bladen nooit haarvormig ingesneden, wat dan aanleiding geeft haar als een zoogenaamde aparte soort, *Ranunculus hederaceus* te onderscheiden. [132]

Ongetwijfeld geldt voor de dieren dezelfde invloed; maar hier voltrekken zich de veranderingen veel langzamer dan bij de planten en daardoor voor ons meer onmerkbaar en onnaspeurlijker.— Onder de machtig-omvormende omstandigheden wordt ongetwijfeld de invloedrijkste plaats ingenomen door de verschillende woonplaatsen; maar daarnevens werken tal van andere krachtig in op de organen.

Men weet, dat de aard van een landstreek in nauw verband staat met haar ligging, gesteldheid, en klimaat, 't geen men terstond opmerkt bij het doorreizen van verschillende typische gebieden. Hier ligt al een oorzaak van variatie voor de betreffende dieren en planten. Maar wat men niet genoeg in het oog houdt en zelfs weigert te gelooven, is, dat elke plaats zelf mettertijd van betrekkelijke gesteldheid, klimaat, en natuur verandert, schoon zóó langzaam, vergeleken met onze tijdsmaat, dat wij haar volkomen standvastig wanen. En met dit veranderen der verblijfplaatsen vervlieten ook de omstandigheden, die op de bewoners van invloed zijn.—Men voelt daaruit, dat al mogen er uitersten in die wijzigingen zijn, er ook schakeeringen zijn, d.w.z tusschengelegen graden. Bijgevolg zijn er ook nuances in de kenmerken der dusgenoemde *soorten*.

Klaarblijkelijk vertoont dus het heele aardoppervlak in aard en plaatsing van zijn verschillende zelfstandigheden een verscheidenheid van omstandigheden, overal in samenhang met die der vormen en deelen van de dieren en onafhankelijk van die bijzondere verscheidenheid, die voor elk dier noodwendig voortvloeit uit de voortschrijdende organische ontwikkeling.

In elke voor dieren bewoonbare streek blijven de heerschende omstandigheden zeer lang dezelfde, en veranderen slechts zòò langzaam in wezen, dat de [133]mensch het niet direkt vermag op te merken. Hij moet de achtergelaten gedenkteekenen raadplegen om te erkennen, dat op al die plaatsen de bestaande toestand niet steeds zoo geweest is, noch ook zoo blijven zal. — Hunne dierlijke bewoners moeten dus ook geruimen tijd hun gewoonten getrouw blijven; vandaar die schijnbare standvastigheid van de als "*soorten*" betitelde rassen, die hen even oud als de natuur zelf heeft doen wanen.

Maar op de verschillende punten van het aardoppervlak vormen aard, ligging en klimaat voor dier en plant *verschillende omstandigheden* in allerlei graad. De betreffende dieren moeten dus niet alleen onderling afwijken in specifieken trap van organisatie, maar bovendien naar gelang van de gewoonten waartoe de leden van elke soort gedwongen zijn. Zoodra dan ook de natuuronderzoeker op zijn wereldreizen een eenigszins belangrijke verandering der omstandigheden waarneemt, ziet hij strijk en zet ook de soorten zich overeenkomstig wijzigen.

Als de werkelijke regels van dit alles heeft men dan ook te erkennen:

1e. Dat elke eenigszins ingrijpende en duurzame verandering van de omstandigheden bij elke diersoort een werkelijke wijziging van behoeften teweegbrengt.

2e. Dat elke wijziging van behoeften nieuwe handelingen noodig maakt, om daaraan te voldoen, en daardoor andere gewoonten.

3e. Dat daardoor bepaalde deelen meer gebruikt worden dan voorheen, hetwelk ze aanzienlijk ontwikkelt en vergroot, ja, door de inspanning van het innerlijke gevoel onmerkbaar nieuwe deelen doet ontstaan, hetgeen ik zoodadelijk met bekende feiten hoop te staven.

Als deze onweersprekelijke waarheden eenmaal erkend zijn zal men spoedig gewaar worden *hoe* die [134]nieuwe behoeften bevredigd kunnen zijn en de gewoonteverandering zich voltrokken hebben, indien men eenige aandacht schenkt aan de volgende twee, door de waarneming steeds bevestigde natuurwetten.

Eerste Wet

Bij elk dier, dat het eindpunt van zijn ontwikkeling nog niet voorbij is, versterkt herhaaldelijk, voortdurend gebruik gaandeweg elk orgaan, ontwikkelt en vergroot hetzelve en geeft het een vermogen evenredig met den duur van dat gebruik; anderzijds doet voortdurend onbruik het onmerkbaar verzwakken, degenereeren, beperken en ten slotte verdwijnen.

Tweede Wet

Al wat de natuur heeft doen verwerven of verliezen door de afzonderlijke individuen van een soort onder invloed van langaanhoudende omstandigheden, erft over op de nieuwe individuen, mits beide sexen, of wel de (ongesl.) voortbrengsters daarvan die verkregen veranderingen vertoonen.

Deze twee blijvende waarheden kunnen slechts miskend worden door hen, die nooit de levende natuur hebben gadegeslagen of die zich door de hier gewraakte dwalingen hebben laten meeslepen; bij de aanschouwing van het nauwe verband tusschen vorm en functie der lichaamsdeelen hebben de natuurvorschers gemeend, dat vorm en toestand dier deelen hun gebruik zouden hebben meegebracht; dit nu is een misvatting, want de waarneming toont aan, dat integendeel behoefte en gebruik de organen ontwikkeld hebben, ze (bij ontstentenis) zelfs hebben doen *verrijzen* en bijgevolg den huidigen toestand hebben veroorzaakt.

Als dat niet zoo was, zou de natuur zooveel vormen van dierlijke lichaamsdeelen hebben moeten scheppen, als door de levensomstandigheden vereischt werden en deze noch gene ooit doen veranderen. [135]Maar zoo staat het zeer zeker niet met de bestaande levende wezens want in dat geval hadden wij geen Engelsche renpaarden naast de logge, zware trekpaarden; immers, iets dergelijks heeft de natuur zelf nooit voortgebracht. Evenmin zouden we dashonden met hun kromme pooten hebben, noch snelvoetige windhonden of poedels; staartlooze kippen noch pauwstaartjes, enz. Ten slotte zouden we, zoo lang het ons behaagde, wilde planten kunnen kweeken in den vetten, vruchtbaren grond onzer tuinen zonder eenige wijziging te zien optreden.

Reeds lang heeft men ten deze de waarheid gevoeld en uitgedrukt in het alom bekende spreekwoord: *de gewoonte wordt een tweede natuur.* Voorzeker, indien de gewoonten en aard van elk dier onwrikbaar vast stonden, zou dat spreekwoord fout geweest zijn en nooit zijn ontstaan, althans zich niet gehandhaafd hebben.

Bij ernstige overweging van mijne uiteenzettingen gevoelt men, dat ik in mijn werk *Recherches sur les corps vivans* (p. 50) terecht de volgende stelling geponeerd heb:

"Niet de organen van het dier, d.w.z. de natuur en vorm der lichaamsdeelen hebben het aanzijn gegeven aan zijn gewoonten en bijzondere functies, maar integendeel hebben gewoonten, levenswijze en de omstandigheden der voorouders zijn lichaamsvorm, aantal en aard der organen, kortom al zijne vermogens bepaald."

Het belang en de gegrondheid van deze stelling blijkt ten duidelijkste bij hare beproeving en vergelijking met de waarneembare feiten, die de werkelijkheid ons voortdurend biedt.

Gelijk reeds opgemerkt, zijn tijd en gunstige omstandigheden de twee voornaamste door de natuur gebruikte middelen tot al hare voortbrengingen: men weet, dat voor háár de tijd onbegrensd is en bijgevolg [136]steeds ter beschikking. Wat betreft de omstandigheden, die elken dag benut worden tot varieeren van al het voortgebrachte, men kan ze in zekeren zin onuitputtelijk noemen. De voornaamste komen voort uit den invloed van het klimaat: de verschillende temperaturen van den dampkring en van de overige omgeving; uit de verscheidenheid en ligging der woonplaatsen; uit de werking der gewoonten, de meest-gewone bewegingen en de meest-herhaalde handelingen; ten slotte uit de levenswijze, de middelen om zich te verdedigen, te handhaven, zich voort te planten, enz.

Als gevolg van deze verschillende invloeden nu breiden de functies zich uit en versterken zich door het gebruik, slaan verschillende richtingen in door het aannemen van nieuwe, vaste gewoonten, en onmerkbaar gaan vorm, gesteldheid, i.e.w. aard en toestand der organen deelen in de gevolgen van al die invloeden en worden bewaard en overgedragen door de voortplanting.

Deze twee waarheden, vanzelf volgende uit de twee bovengenoemde natuurwetten, worden in ieder geval bevestigd door de feiten; zij wijzen duidelijk den gevolgden weg aan van de natuur bij haar verschillende voortbrengingen.

Maar laat ons, inplaats van ons met de algemeenheden tevreden te stellen—die wellicht hypothetisch te noemen waren—de feiten direct onderzoeken en de gevolgen nagaan van gebruik of onbruik der dierlijke organen op henzelve, overeenkomstig de aan elke soort opgedrongen gewoonten—Ik zal dus bewijzen, dat aanhoudend gemis aan oefening een lichaamsdeel knotwiekt, het gaandeweg doet verworden en eindelijk verdwijnen als dat onbruik zich lang achtereen voortzet bij de achtereenvolgende geslachten van de betreffende soort. Vervolgens zal ik echter aantoonen, dat bij elk dier, dat [137]het eindpunt van reductie nog niet bereikt heeft, de gewoonte, een orgaan te oefenen, hetzelve niet alleen verbetert en de functie verrijkt, maar bovendien een ontwikkeling en afmetingen doet verkrijgen, die het onmerkbaar doen wijzigen, zoodat het mettertijd sterk gaat afwijken van hetzelfde, doch minder gebruikte orgaan bij een ander dier.

Een tot gewoonte geworden voortdurend onbruik doet een orgaan geleidelijk aan verarmen en vernietigt het ten slotte volkomen.

Daar een dergelijke stelling slechts op voldoende bewijs kan worden toegegeven en niet op eenvoudige uitspraak, zoo willen wij haar bepleiten door de voornaamste bekende, bewijskrachtige feiten aan te voeren.

De gewervelde dieren, wier schema overal vrijwel eender is, ondanks de vele verschillen in onderdeelen, hebben kaken, bewapend met *tanden*. Diegene intusschen, die door de omstandigheden de gewoonte hebben aangenomen, hun prooi *ongekauwd* in te slikken, ontwikkelen daarmee hun tanden niet. Dan zijn deze òf tusschen de beenplaten der kaken verborgen gebleven zonder naar buiten te kunnen komen, òf zijn zelfs reeds in hun aanleg vernietigd.

Bij den walvisch (Balaena), dien men geheel verstoken van tanden waande, heeft *Geoffroy* deze bij het *foetus* aangetroffen, in de kaken verborgen. Bij vogels heeft deze hoogleeraar voorts de groeve gevonden, waarin de tanden moesten staan; maar henzelf ziet men er niet meer in.

Bij de klasse der zoogdieren, die de hoogst ontwikkelde levende wezens bevat,—in de eerste plaats diegene, waarin het organisatieplan der vertebraten het volledigst is uitgevoerd,—is niet alleen de walvisch tandeloos, maar ook de miereneter (*Myrmecophaga*), die het kauwen al sinds lang voorgoed heeft opgegeven. [138]

Een kenmerk van een groot aantal verschillende dieren en een wezenlijk deel van het bouwplan der vertebraten is het bezit van oogen in den kop. Nochtans heeft de mol, die door zijn levenswijze het gezicht weinig gebruikt, slechts uiterst kleine, nauwelijks zichtbare oogen, doordat hij dit orgaan weinig oefent—*Aspalax* (Olivier, *Voyage en Egypte et en Perse*, II, pl. 28, f. 2), die gelijk de mol een onderaardsch leven voert, en zich waarschijnlijk nog minder dan deze aan het daglicht blootstelt, heeft het gezichtsvermogen geheel verloren, en vertoont dan ook nog slechts sporen van het betreffende orgaan; en deze zijn nog geheel bedekt door de huid en eenige andere lagen en ontvangen niet het minste licht meer.

De Olm (*Proteus*), een verwante van de salamanders die in diepe, duistere holen-wateren leeft, heeft evenals *Aspalax* nog slechts sporen van gezichtsorganen, op dezelfde wijze verborgen en bedekt.

Dit feit is voor ons huidige onderwerp beslissend.

Het licht dringt niet overal door; bijgevolg missen de dieren der duisternis de gelegenheid, hun gezichtsorgaan te oefenen, zoo zij er een hebben. Dieren, behoorende tot een systeem van organisatie met oogen, moeten deze intusschen van huis uit gehad hebben. Daar men onder hen echter niet-ziende vormen aantreft met nog slechts verborgen sporen van oogen is het verarmen en verdwijnen daarvan klaarblijkelijk het gevolg van een voortdurend gebrek aan oefening.

Een bewijs hiervoor is, dat het gehoororgaan nimmer in dat geval verkeert en altijd aanwezig is bij de dieren, wier organisatie zulks vereischt, en wel om de volgende reden:

De *geluidsstof*2, die door een trillend lichaam [139]in beweging gebracht, den ontvangen indruk aan het oor medeelt, dringt overal door, zelfs in de dichtste lichamen. Bijgevolg heeft elk dier, in wiens plan van organisatie het gehoor een wezenlijke plaats inneemt, steeds de gelegenheid dit te oefenen, wàar het ook wone. Onder de *Vertebraten* is er dan ook niet een verstoken van een gehoororgaan, maar daarna vindt men het bij geen enkel lid der volgende klassen meer (†).

Anders is 't met het gezicht gesteld, want oogen ziet men afwisselend verschijnen en verdwijnen naar gelang van de al of niet bestaande mogelijkheid tot gebruik door het dier. — Bij de acephale weekdieren had de groote ontwikkeling van den mantel de oogen en zelfs den kop geheel nutteloos gemaakt. Ofschoon in het betreffende bouwplan opgenomen hebben deze organen moeten verdwijnen door voortdurend onbruik.

Tot het organisatie-plan der reptielen ten slotte behooren vier knokige ledematen. Bijgevolg zouden dan ook de slangen er vier moeten hebben, temeer, daar ze volstrekt niet de laatste orde der kruipende dieren vormen en verder afstaan van de visschen dan kikvorsch, salamanders, enz. — Daar intusschen de slangen de gewoonte hebben aangenomen om op den grond te kruipen en onder het kruid zich te verbergen, heeft door de steeds herhaalde inspanning om zich uit te rekken — tot het passeeren van nauwe openingen — het lichaam een aanzienlijke lengte gekregen buiten verhouding tot de dikte. Pooten zouden dan ook voor deze dieren ten eenen male van onwaarde geweest zijn en dus overbodig. Want lange pooten zouden bij het kruipen hebben gehinderd, en zeer korte — slechts ten getale van vier beschikbaar — het lichaam onmogelijk hebben kunnen bewegen. Het voortdurende onbruik dezer organen bij die dieren heeft hen geheel doen verdwijnen, [140]ofschoon zij een wezenlijk deel uitmaakten van het bouwplan der betreffende klasse.

Veel insecten, die volgens de kenmerken van hun orde — of zelfs geslacht — vleugels zouden moeten hebben, missen door niet-gebruik deze vrijwel volkomen. Een menigte schild-, recht-, vlies-en half-vleugeligen vertoonen daar voorbeelden van; hunne gewoonten beletten voortdurend het gebruik der vleugels.

Maar het is niet voldoende een verklaring te geven van de oorzaken voor den toestand der organen bij verschillende dieren voor zoover die toestand voor een soort standvastig blijft; men moet bovendien de wijzigingen laten zien, daarin uitsluitend door een groote verandering van de bijzondere specifieke gewoonten teweeggebracht bij één individu in den loop van zijn leven. Het volgende uiterst merkwaardige feit bewijst afdoende den invloed der gewoonten op de bewerktuiging en hoezeer blijvende veranderingen in de eerste op de daarbij tepas komende organen ingrijpen.

TENON, lid van de Academie, heeft aan de Wetenschappelijke Klasse medegedeeld, dat bij onderzoek het spijsverteringskanaal van hartstochtelijke gewoonte-drinkers altijd buitengewoon verkort bleek, vergeleken met normale personen. — Zooals men weet, nemen de echte dronkaards zeer weinig vast voedsel tot zich; de overvloedig genoten drank is voor de voeding voldoende. — Daar nu vloeibare spijzen, vooral spiritualiën, niet lang blijven in maag en ingewand, zoo ontwennen deze bij de drinkebroers aan normale uitzetting, even als bij personen met een zittende levenswijze en voortdurend met geestelijken arbeid bezig, die zich aan het gebruik van weinig spijzen gewend hebben. Gaandeweg trekt zich hun maag samen en verkorten zich de darmen. — Het gaat hier volstrekt niet om een inkrimping, [141]waarbij de gewone uitrekking nog mogelijk zou zijn, als die leege ingewanden weer eens gevuld werden; neen, er is hier sprake van een echte en belangrijke vernauwing en verkorting, zoodanig, dat de betreffende organen eerder zouden bersten, dan ineens tot hun gewonen omvang uitdijen.

Vergelijk onder overigens gelijke omstandigheden van leeftijd, enz. eens een man, die door zijn studeerend leven — 't welk de spijsvertering bemoeilijkt — zich aan weinig eten gewend heeft, met een ander die veel beweging neemt, uitgaat en flink eet; de maag van den eerste is tot weinig meer in staat en reeds met weinig spijs gevuld, terwijl die van den tweede haar vermogen bewaard en ontwikkeld zal hebben.

Ziehier dus een in afmetingen en functies sterk gewijzigd lichaamsdeel, enkel en alleen door verandering der gewoonten gedurende het individueele leven.

Veelvuldig, door gewoonte bevestigd gebruik verrijkt de functies van een orgaan, ontwikkelt het en doet het ganschelijk nieuwe afmetingen en kracht verkrijgen.

Aan den anderen kant hebben wij gezien, dat onbruik het zelve wijzigt, verarmt en ten slotte vernietigt.

Thans ga ik aantoonen, dat onafgebroken functie van een lichaamsdeel en de inspanning, — onder omstandigheden die zulks vereischen—om er grootelijks voordeel van te trekken, het sterkt, uitbreidt en vergroot of nieuwe organen schept, die de noodige verrichtingen kunnen uitvoeren.

De vogel, door nooddruft naar den waterspiegel getrokken, spreidt de teenen uit om al trappende te zwemmen. Door dit voortdurend uitbreiden verkrijgt het huidje aan de basis der teenen de gewoonte, zich te strekken. Zoo zijn mettertijd de groote [142]zwemvliezen van de eenden, ganzen, enz. tot hun tegenwoordigen toestand vervormd. Dezelfde zwem- of liever roei-pogingen hebben de zwemvliezen doen optreden bij kikvorsch, zeeschildpadden, otter, bever, etc.

Anderzijds hebben de van geslacht op geslacht in de boomen levende vogels noodzakelijk langere en anders gevormde teenen dan de watervogels. Gaandeweg hebben hun nagels zich verlengd, toegescherpt en klauwvormig gebogen om de takken te omknellen, waarop de dieren zoo vaak rusten.

Evenzeer gevoelt men, dat een oevervogel, die niet van zwemmen houdt en toch voor zijn levensonderhoud aan den waterkant moet verblijf houden, voortdurend gevaar loopt, in den modder te zinken. De vogel doet nu, om zijn lichaam droog te houden, al zijn best, om de pooten uit te rekken en te verlengen. Deze langdurige gewoonte van die vogelsoorten doet hen ten slotte a.h.w. op stelten staan op hun lange naakte pooten, d.w.z. tot de dijen (en vaak nog verder) onbevederd. (*Système des animaux sans vertèbres*, p. 14).

Men zal ook inzien, dat dezelfde vogel door den wensch om te visschen zonder zich nat te maken, zich voortdurend moet inspannen zijn hals te strekken. Het gevolg van deze aanhoudende inspanning moet dan ook mettertijd een merkwaardige halsverlenging zijn geweest, die men inderdaad bij alle waadvogels kan waarnemen.

Dat bepaalde watervogels met korte pooten, zooals zwaan en gans, niettemin zeer langhalzig zijn, komt door de gewoonte om bij het zwemmen aan de oppervlakte den kop zoo diep mogelijk onder te dompelen tot het vangen van waterlarven en ander klein dierlijk voedsel terwijl zij geen enkele poging doen tot het strekken der pooten.

Laat bij het zoeken van voedsel een dier al maar [143]trachten zijn tong zoo ver mogelijk uit te steken, en zij zal een aanzienlijke lengte verkrijgen (miereneter, groene specht); laat het de behoefte hebben, er iets mede te grijpen, en de tong zal zich vorkvormig splijten. De grijptong der colibri's en de tast-tong van hagedissen en slangen zijn het bewijs daarvoor.

De steeds door de omstandigheden opgewekte behoeften en de volhardende inspanning om deze te bevredigen bepalen zich niet tot het wijzigen der organen, maar ze slagen er ook in deze zoo noodig te verplaatsen.

Daar de visschen, die gewoonlijk in overvloed van water leven, zijwaarts zien moeten, zoo liggen inderdaad de oogen terzijde in den kop. Hun al naar de soort min of meer afgeplatte lichaam snijdt het water in een richting loodrecht op zijn oppervlak en de oogen staan zoo, dat elke platte zijde er een heeft. Maar die visschen, die hun levenswijze naar vlakke kusten voert, werden gedwongen op hun zijde te zwemmen, ten einde den oever nog dichter te kunnen naderen. (†) Daar zij in deze ligging meer licht van boven dan van onder krijgen heeft de behoefte om steeds acht te geven op de bovenwereld een der oogen doen verschuiven en de zeer eigenaardige plaats innemen, die men kent van tong, tarbot, schar, etc. (*Pleuronectes* en *Achirus*). Deze oogen staan niet meer symmetrisch, wijl de draaiïng niet volledig is geweest. Bij de roggen echter is dit wel het geval (†) en is de dwarse afplatting van lichaam en kop geheel horizontaal, zoodat de beide naar boven gekeerde oogen opnieuw symmetrisch zijn geworden.

De slangen, die op het aardoppervlak kruipen, hadden hoofdzakelijk naar boven te kijken. Deze behoefte heeft van invloed moeten zijn op de plaats der gezichtsorganen en inderdaad zijn deze zijen opwaarts in den kop ingesteld, zoodat zij gemakkelijk [144]naar boven en opzij kunnen schouwen maar bijna niet kunnen zien, wat vlak vóór hen is. Ten einde nu aan dit gebrek tegemoet te komen en het hoofd niet te stooten hebben zij hun weg slechts kunnen verkennen met behulp van de tong, die uit alle macht werd uitgestoken. Deze gewoonte heeft er niet alleen toe bijgedragen om de tong dun, lang en zeer samentrekbaar te maken, maar ook om zich bij de meeste soorten te splijten, teneinde meerdere voorwerpen tegelijkertijd te kunnen bestrijken; jazelfs, om aan het einde van de snuit een opening te vormen tot het doorlaten van de tong bij gesloten bek.

Nergens hebben de gewoonten merkwaardiger dingen teweeggebracht dan bij plantetende zoogdieren.

De viervoeters, wier geslachten zich sinds onheugelijke tijden aan plantenkost gewend hebben, in overeenstemming met de door de omstandigheden meegebrachte behoeften, loopen het grootste deel van hun leven op vier pooten over den grond, in het algemeen met een matige snelheid. Het tijdroovende naar binnen werken van elken dag weer hetzelfde voedsel doet zoo'n dier zijn gemak houden en zijn ledematen slechts gebruiken om te staan en te loopen, maar nooit om in de boomen te klauteren.

Deze gewoonte om dagelijks groote hoeveelheden plantaardig voedsel te gebruiken, die de ingewanden deden uitzetten, gevoegd bij de geringe bewegelijkheid, heeft het lichaam van deze beesten aanzienlijk verdikt, zwaar-massief en volumineus gemaakt, zooals bij olifant, neushoorn, rund, buffel, paard, etc. — De gewoonte, langdurig achtereen overeindstaande te grazen heeft een dik hoornig omhulsel om de vingereinden doen ontstaan; en daar die vingers slechts tot steun dienden, met uitsluiting van elke andere beweging, zoo zijn ze voor een deel [145]verkort, verkleind en eindelijk verdwenen. Zoo hebben sommige *dikhuidigen* pooten met vijf genagelde teenen, dus een vijf-deeligen hoef; andere echter vier en weer andere slechts drie. Maar bij de oudste zoogdieren, die zich uitsluitend tot den beganen grond bepaald hebben: de *herkauwers*, zijn er niet meer dan twee vingers aan den voet en bij de *eenhoevers* (paard, ezel) zelfs nog maar een enkele.

In eenzame streken loopen echter juist onder de *herkauwende* planteneters sommige voortdurend gevaar, ten prooi te vallen aan roofdieren en kunnen zij hun heil slechts vinden in een overhaaste vlucht. Noodgedwongen hebben zij zich dus in het rennen geoefend en door die gewoonte zijn lichaam en pooten veel slanker en ranker geworden, bijvoorbeeld bij gazelle, antilope, enz. In onze luchtstreken veroorzaakt bij herten, reeën, damherten de voortdurende jacht van den mensch overeenkomstige gewoonten en lichaamsvormen.

Daar bij die ruminantia de pooten slechts zijn ingericht tot steunen en de weinig krachtige kaken tot afbijten en kauwen van gras, zoo kunnen ze alleen vechten met kopstooten, het voorhoofd vooruit.—Bij de—vooral bij de mannetjes veelvuldige—driftbuien richt het sterk gespannen inwendige gevoel een krachtiger bloedstroom naar dat deel van den kop en er zet zich hoorn af, bij sommige vergezeld van beenstof, waardoor stevige uitsteeksels ontstaan als oorsprong van de geweien en horens, waarmee de kop dezer dieren meestal bewapend is.

Een merkwaardig gevolg van levensgewoonten ziet men in de afwijkende gestalte van de giraffe (*Camelopardalis*). Men weet dat dit hoogste aller zoogdieren woont in vrijwel droge binnenlanden van Afrika, wier kaalheid het noopt het gebladerte der boomen af te knabbelen onder voortdurend ingespannen reiken. Ten gevolge van deze algemeene [146]en lang-volgehouden gewoonte zijn de voorpooten langer geworden dan de achterpooten en de hals dermate verlengd, dat de giraffe in gewoon-opgerichte houding tot een hoogte reiken kan van zes meter, of bijna twintig voet.

Onder de vogels danken de niet-vliegende struisen waarschijnlijk hun eigenaardige, zeer hooge pooten aan overeenkomstige omstandigheden.

Andere, even merkwaardige gevolgen hebben de gewoonten teweeggebracht bij de roofdieren.—Die soorten van zoogdieren, die zich gewend hebben om te klimmen of den grond om te krabben of een prooi te verscheuren hebben de vingers van hun ledematen noodig gehad, hetgeen de uiteenspreiding daarvan heeft begunstigd en ze met klauwen heeft bewapend.

Bij sommige vleeschetende dieren moet de dagelijksche behoefte (en dus gewoonte) de klauwen diep in het vleesch van andere dieren te slaan, om ze al vasthakende te verscheuren, door herhaalde inspanning deze klauwen dermate vergroot en gekromd hebben, dat ze ten slotte lastig werden bij het loopen op steenachtigen bodem en jagen van de prooi. Daardoor waren zij verplicht die uitspringende nagels in te trekken, en zoo is gaandeweg die eigenaardige scheede ontstaan, waarin *kat, tijger, leeuw*, etc. hun klauw in rust opbergen.

Langen tijd regelmatig in een bepaalde richting volgehouden inspanning tot bevredigen van — door natuur of omstandigheden geëischte — behoeften vergrooten de betreffende lichaamsdeelen tot afmetingen en een gedaante die zij zonder die geregelde inspanning van het dier nooit zouden verkregen hebben. Waarnemingen bij alle bekende dieren leveren daarvoor de overvloedige bewijzen. Een van de treffendste voorbeelden toont wel de kangoeroe. Dit dier heeft een opgerichte houding aangenomen, steunende op achterpooten en staart [147]en verplaatst zich slechts door te springen, daarbij overeind blijvende ten behoeve van de jongen, die in een buidel aan het onderlijf worden meegedragen. Ziehier de resultaten.

1e. De voorpooten, uitsluitend gebruikt tot steun in de oogenblikken, waarin de opgerichte houding verlaten wordt, hebben zich nooit evenredig met de andere deelen ontwikkeld en zijn mager, klein en vrijwel krachteloos gebleven.

2e. De achterpooten daarentegen, bijna voortdurend in actie tot steun of sprong, zijn zeer groot en sterk ontwikkeld geworden.

3e. Ten slotte is de in rust en beweging zoo krachtig meewerkende staart aan den wortel buitengemeen stevig en dik geworden.

Deze overbekende feiten vermogen zeker wel voor eenig orgaan of lichaamsdeel de gevolgen te bewijzen van geregeld gebruik. En mocht men nu van een of ander bijzonder krachtig ontwikkeld orgaan beweren, dat zijn voortdurende oefening daar niets aan toe doet — of rust niet àf doet — en dat het er altoos zoo geweest is sedert de schepping van de betreffende soort, zoo zou ik vragen, waarom dan de wilde eenden beter kunnen vliegen dan de tamme? En ik kan daarenaan een menigte voorbeelden toevoegen, aan ons eigen organisme ontleend, die de verschillen bewijzen, teweeggebracht door al- of niet gebruik onzer eigen lichaamsdeelen. Weliswaar worden deze niet erfelijk voortgezet, want dan zouden zij nog veel belangrijker zijn.

In het tweede deel zal ik aantoonen, dat als een dier het een of ander wil verrichten, de betreffende organen terstond tot de handeling aangezet worden door het toevloeien van fijne zenuwfluiden, die de bepalende oorzaak van de beweging worden. Talrijke waarnemingen staan hiervoor zonder eenigen twijfel borg. Het gevolg is, dat veelvuldige herhaling [148]dezer levensverrichtingen de ervoor noodige organen versterkt, uitbreidt, ontwikkelt, jazelfs nieuw vormt. Men heeft slechts nauwgezet acht te geven op alles, wat te dezen opzichte voorvalt, om zich te overtuigen van deze ware oorzaak van organische ontwikkeling en verandering.

Elke wijziging in een orgaan, verkregen door een voldoende regelmatig gebruik, erft vervolgens over, indien het gemeenschappelijk eigen is aan de beide parende individuen. Zoo wordt die wijziging overgedragen op alle volgende geslachten, die aan dezelfde omstandigheden onderworpen zijn zonder haar zelf langs direkten weg te moeten verwerven.

Bij de paring verhindert overigens noodwendig de menging tusschen individuen met verschillende eigenschappen en vormen de constante voortplanting daarvan. En dat verhoedt juist, dat bij den mensch—aan omstandigheden van zoo uiteenloopenden invloed onderworpen—toevallig opgedane gebreken of eigenschappen worden overgeërfd. Als in zoo'n geval steeds twee zoodanige individuen paarden, zouden zij dezelfde eigenaardigheden voortbrengen, en indien dan de opvolgende generaties zich tot zulke huwelijken bepaalden, zou er een bijzonder, apart ras gevormd worden. Maar aanhoudende menging van onderling afwijkende menschen doet alle in ongewone omstandigheden verkregen bijzonderheden weer verdwijnen. Zonder de afstanden tusschen de menschelijke verblijfplaatsen zouden dan ook voorzeker door de geslachtelijke vermenging de algemeene, characteristieke onderscheiden tusschen de verschillende volkeren verdwijnen.

Indien ik hier alle klassen, orden, geslachten en soorten de revue zou willen laten passeeren, zoo kon ik aantoonen, dat in allen deele de bouw der tegenwoordige dieren, hun organen, vermogens, enz. [149]overal het uitsluitend gevolg zijn van de omstandigheden, waaronder elke soort zich van nature bevonden heeft en van de opgedrongen gewoonten, maar geenszins van een aanvankelijken vorm, die tot de huidige levensgewoonten genoopt zou hebben.

Gelijk bekend, verkeert de z.g. *"Ai"* of luiaard (*Bradypus tridactylus*) voortdurend in een dergelijken staat van zwakte, dat hij slechts uiterst langzame en beperkte bewegingen uitvoert en moeilijk op den grond loopt. Zóó traag beweegt hij zich, dat hij, naar beweerd wordt, slechts een vijftigtal stappen per dag kan doen. Ook stemt de organisatie van dit dier, naar bekend, volkomen overeen met zijn zwakheid of ongeschiktheid tot loopen en is buiten staat tot eenige beweging, anders dan de bovenomschrevene. In de veronderstelling nu, dat de Ai van nature deze bewerktuiging ontvangen had, heeft men gemeend, dat deze hem tot zijn gewoonten en ellendigen levensstaat doemde.

Wel verre van aldus te denken ben ik overtuigd, dat oorspronkelijk noodgedwongen aangenomen gewoonten onvermijdelijk hebben moeten leiden tot de huidige organisatie van den luiaard. Voortdurende gevaren mogen deze soort vroeger voorgoed de wijk hebben doen nemen in de boomen, en er zich doen voeden met bladeren; blijkbaar zal zij zich dan hebben moeten spenen van allerlei bewegingen, eigen aan de bodem-dieren. Alle behoeften van den Ai zullen zich dus hebben bepaald tot hangerig langs de takken te kruipen om bladeren te plukken en dan maar werkeloos in den boom te blijven, zorgende niet te vallen. Die luiheid zal overigens nog door de hitte van het klimaat in de hand gewerkt zijn, welke warmbloedige dieren toch al meer tot rust dan tot beweging noodt. — Als nu de ai gedurende langen tijd een boomleven geleid heeft met zijn langzame en weinig gevarieerde bewegingen — maar voldoende [150]voor de behoeften — dan zal zijn bewerktuiging zich gaandeweg aan de nieuwe behoeften hebben aangepast, en het gevolg daarvan zal zijn geweest:

1e. Dat bij de voortdurende pogingen dezer dieren om de boomtakken gemakkelijk te omklemmen de armen zich verlengd hebben.

2e. Dat door het aanhoudende klauteren de klauwen zeer lang en krom uitgegroeid zijn.

3e. Dat de nooit afzonderlijk geoefende vingers alle onderlinge beweeglijkheid verloren hebben, zich vereenigd hebben en slechts tot gemeenschappelijk buigen en strekken in staat blijven.

4e. Dat door telkens weer omvatten van stam of dikke takken de dijen gaandeweg ver uit elkaar zijn gaan wijken, hetgeen zal hebben bijgedragen tot bekkenverwijding en tot verplaatsen van de bekkenholte naar achteren.

5e. Dat tenslotte een groot aantal beenderen samengesmolten zijn en een gesteldheid en gedaante verkregen hebben, overeenkomstig de gewoonten dezer dieren, met uitsluiting van alle andere.

Dit staat onweersprekelijk vast, gelijk dan ook inderdaad de natuur ons in duizend andere gevallen doorloopend overeenkomstige voorbeelden laat zien van den invloed der omstandigheden op de gewoonten en van deze weer op vorm, gesteldheid en verhoudingen der dierlijke lichaamsdeelen. — Daar het opsommen van meer aanhalingen echter volkomen overbodig is zetten wij hier het hoofdpunt van de discussie nog eens kortelijk uiteen.

Een feit is, dat naar gelang van geslacht en soort de verschillende dieren elk bijzondere gewoonten hebben en een daarmee volmaakt overeenstemmende organisatie. — Uit de beschouwing daarvan kan men naar believen een dezer twee — beide onbewijsbare — gevolgtrekkingen afleiden, t.w.:

Tot nu toe aangenomen conclusie: bij het voortbrengen [151]der dieren heeft de natuur (of haar schepper) alle mogelijke levensomstandigheden voorzien en aan iedere soort een standvastige bewerktuiging en in allen deele bepaalden, onveranderlijken vorm gegeven, die hen dwong te leven in huidige woonplaatsen en klimaten en hier hun geijkte gewoonten getrouw te blijven.

Mijn eigen conclusie: bij het achtereenvolgens voortbrengen van alle diersoorten heeft de natuur, door met de eenvoudigste te beginnen en met de meest volkomene te eindigen, hunne bewerktuiging trapsgewijze gecompliceerd. En bij de algemeene verspreiding over alle bewoonbare streken van den aardbol heeft elke soort onder invloed der omringende omstandigheden — van lieverlede — hare huidige gewoonten verkregen en zijn hare organen tot hun tegenwoordigen staat omgevormd.

De eerste dezer beide gevolgtrekkingen wordt tot heden vrijwel algemeen aangenomen. Naast onveranderlijke organisatie der dieren, neemt zij aan, dat de omstandigheden hunner woonplaatsen zich nimmer wijzigen. Want indien dat wel het geval ware, zouden dezelfde dieren er niet meer kunnen leven; en de mogelijkheid om elders overeenkomstige omstandigheden op te kunnen zoeken stond nog te bezien.

De tweede gevolgtrekking is mijn eigene. Zij veronderstelt, dat onder invloed der gewoonten—middellijk veroorzaakt door de omstandigheden—de organische omstandigheden bij elk dier verstrekkend gewijzigd kan worden en tot hun huidigen toestand gebracht zijn.

Om deze laatste opvatting te ontzenuwen valt eerst te bewijzen, dat elk punt van het aardoppervlak zichzelf in aard, betrekkelijke gesteldheid, klimaat, enz. steeds gelijk blijft, en vervolgens, dat geen enkel dierlijk orgaan, zelfs na een lang tijdsverloop, ooit [152]eenige wijziging ondergaat door het veranderen der omstandigheden en door de noodzaak, die hen dwingt tot anderen handel en wandel dan de gewone.

Indien nu ook maar in een enkel geval een sinds lang getemde diersoort afwijkt van den stamvorm en men bij zoo'n huisdier een groote individueele vormverscheidenheid aantreft naar gelang van de verschillende hun aangewende gewoonten, dan strookt voorzeker de eerste conclusie volstrekt niet met de natuurwetten, de tweede daarentegen wèl.

Alles wijst dus in de richting van mijn opvatting, t.w., dat geenszins de dierlijke lichaamsvormen aanleiding geven tot de gewoonten en levenswijzen, maar deze laatste integendeel, met alle andere invloedrijke omstandigheden, mettertijd de gestalte der dieren in allen deele bewerkstelligd hebben. Tegelijk met de nieuwe vormen werden nieuwe vermogens verkregen en gaandeweg is de natuur al omvormend tot de huidige dieren gekomen.

Kan er in de natuurlijke historie wel een gewichtiger beschouwing bestaan en onze aandacht meer waard zijn dan deze zoo juist uiteengezette? [153]

1 Zie noot op 104.

2 In het origineel dwaalt hier de schrijver in een noot over de "geluidstof" af naar zijn *Hydrogeologie*, p. 225.

Hoofdstuk VIII

Over de natuurlijke Orde der Dieren en hoe hunne indeeling daarmee te doen overeenstemmen.

Ik heb in hoofdstuk V reeds opgemerkt, dat het wezenlijke doel van een indeeling der dieren zich onzerzijds niet moet bepalen tot het bezit van een lijst van klassen, geslachten en soorten, maar dat zij door hare rangschikking tegelijk een uitstekend hulpmiddel bij de studie van de natuur moet zijn en het meest geschikt om ons haar loop, middelen en wetten te doen kennen.

Intusschen schroom ik niet te zeggen, dat onze algemeene zoölogische systemen in tegengestelde volgorde gerangschikt zijn als die van de natuur zelf bij het tot aanzijn roepen van hare verschillende levende schepselen gevolgd; zoodat, als wij, naar oud gebruik, voortschrijden van de meer samengestelde tot de meer eenvoudige, wij het begrijpen van den vooruitgang in organisatie bemoeilijken, waardoor we de oorzaken daarvan alsmede zijn onderbrekingen minder gemakkelijk vatten.

Als men het nut, ja, de onontbeerlijkheid voor een gesteld doel van een bepaald ding erkend heeft, en er is geen ongerief aan verbonden, dan moet men zich haasten het uit te voeren, ofschoon het niet in gebruik moge zijn. — Zoo nu is het geval met de aan de *algemeene indeeling* der dieren te geven *rangschikking*.

Zoo zullen wij zien, dat het volstrekt niet onverschillig is, met welk einde die indeeling begint, en dat het niet aan onze keuze is overgelaten.

Het tot op den huidigen dag gevolgde gebruik [154]om de meest volkomen dieren aan het hoofd der rij te zetten en de onvolkomenste en eenvoudigste aan het lage einde vindt zijn oorsprong eenerzijds in onze neiging om steeds den voorkeur te geven aan de zaken, die ons het meest treffen, behagen of belang inboezemen; anderzijds doordat men liever van het bekendere naar het minder bekende voortschrijdt.

In den aanvang van de studie der natuurlijke historie lieten deze overwegingen zich ongetwijfeld zeer wel hooren; thans echter moeten zij wijken voor de behoeften der wetenschap en in het bijzonder voor zulke, die de kennis der natuur bevorderen.

Indien wij ook al door het groote aantal en de verscheidenheid der dieren in de natuur ons niet kunnen vleien, nauwkeurig de werkelijke volgorde te kennen, die zij bij hunne voortbrenging heeft gevolgd, zoo is toch diegene, die ik straks ga uiteenzetten, waarschijnlijk van de hare een vrij getrouw beeld: ons gezond verstand en alle verzamelde kennis spreken daarvoor.

Inderdaad, als het waar is, dat alle levende wezens natuurvoortbrengselen zijn, kan men niet weigeren te gelooven, dat de natuur deze slechts achtereenvolgens heeft kunnen voortbrengen, en niet alle tegelijkertijd in een ondeelbaar oogenblik. Als dat zoo is heeft men ook alle reden te denken, dat zij alleen met de eenvoudigste begonnen is en pas in de laatste plaats de meest samengestelde organismen van dieren- of plantenrijk.

De botanici hebben aan de zoölogen het eerste voorbeeld gegeven van de werkelijke rangschikking, die men in de algemeene indeeling moet aanwenden om de Orde der natuur zelve voor te stellen. Want met de *acotyledones* of *agamen* vormen zij de eerste klasse der planten, d.w.z. met de eenvoudigst georganiseerde en in alle opzichten meest onvolkomen planten die [155]in het geheel geen zaadlobben en vaten in hun weefsels hebben; wier geslacht niet is uit te maken en die eigenlijk slechts uit celweefsels zijn samengesteld, dat in de verschillende uitbreidingen eenigszins gewijzigd is.

Wat de plantkundigen gedaan hebben voor de gewassen, dat moeten wij doen voor de dieren; niet alleen, omdat de natuur zelf het zoo aanwijst, en de rede het wil, maar ook, omdat de natuurlijke volgorde der klassen volgens toenemend-samengestelde bewerktuiging bij de dieren vrij wat gemakkelijker is uit te maken dan bij de planten.

Terwijl deze orde beter de natuurlijke zal weergeven, zal zij de studie der voorwerpen veel gemakkelijker maken, de dierlijke organismen en hun voortschrijdende samenstelling van klasse tot klasse beter doen kennen en nog beter de betrekkingen laten zien tusschen de verschillende graden van dierlijke organisatie en de uitwendige kenmerken, die wij meest gebruiken om de klassen, orden, families, geslachten en soorten te karakteriseeren.

Ik voeg aan deze beide beschouwingen, die niet ernstig bestreden kunnen worden nog toe, dat als de natuur die de organismen niet eeuwigdurend heeft kunnen maken, hun niet het vermogen tot de voortplanting1 gegeven had, zij dan alle soorten direct had moeten voortbrengen, waarbij zij het echter maar tot een enkel dier en plant,—n.l. de allereenvoudigste van beide—zou gebracht hebben.

Bovendien, indien de natuur aan de handelingen van het organisme niet het vermogen gegeven had, om zichzelf hoe langer hoe samengestelder te maken, [156]door de kracht der vloeistofbeweging—en daardoor van de organen zelf—te doen toenemen en indien ze de verkregen verbeteringen en vooruitgang in bewerktuiging niet door de *voortplanting* vastgehouden had, dan zou ze zeker nooit die oneindig groote verscheidenheid van *dieren en planten* voortgebracht hebben.

Zij heeft ten slotte niet maar dadelijk bij het eerste begin de functies van de allerhoogste dieren kunnen scheppen; want deze hebben slechts plaats met behulp van een zeer ingewikkeld stelsel van organen, en het bestaan hiervan heeft zij langzamerhand moeten voorbereiden.

Om dus tot den tegenwoordigen stand van zaken in de levende natuur te geraken, heeft de Natuur slechts spontaan,—d.w.z. zonder hulp van eenig organisch proces—de allereenvoudigste organismen behoeven voort te brengen; en zij brengt ze ook nog thans voort, ter gelegener plaats en tijd. Door nu aan de zelf-geschapen wezens de vermogens te geven, zich te voeden, te groeien, zich voort te planten en telkens den verkregen vooruitgang in hun organisatie vast te leggen, en vervolgens die eigenschappen op alle voortgebrachte nakomelingen over te dragen, zijn mettertijd door de enorme verscheidenheid van de altijd wisselende omstandigheden, al die klassen en orden van de levende wereld achtereenvolgens in aanzijn geroepen.

Met de *trapsgewijze opklimming*, die stellig bestaat in de toenemende samengesteldheid van de organisatie der dieren en zoowel in het aantal als in de volmaking hunner functies, verkondigt men verre van een nieuwe waarheid, want reeds de Grieken merkten haar op2, maar zij konden er de beginselen [157]en bewijzen nog niet van geven, omdat het hun aan de daartoe noodige kennis ontbrak.

Tot recht begrip van de beginselen, die mij geleid hebben bij het overzicht der dieren, dat ik zoo dadelijk zal geven en om beter die bewuste opklimming te doen gevoelen heb ik de organisatiesystemen over het geheele dierenrijk in zes graden verdeeld, die duidelijk van elkaar zijn onderscheiden.

Van deze zes omvatten de eerste vier de *ongewervelde* dieren en daarmee de eerste tien klassen volgens onze nieuwe indeeling. De laatste twee daarentegen bevatten de *vertebraten*, dus de laatste vier (of vijf) dierklassen.

Met behulp van dit middel zal men gemakkelijk den door de natuur gevolgden loop bij de voortbrenging van hare dieren kunnen volgen en langs de geheele reeks de verworven verbeteringen in bewerktuiging onderscheiden en overal zoowel de nauwkeurigheid der indeeling als het gepaste der toegekende rangen controleeren door onderzoek van de betreffende kenmerken, enz.

Zoo geef ik al meerdere jaren college over de evertebraten, waarbij ik altijd van het min- tot het méér-samengestelde schrijd.

Teneinde de gesteldheid in allen deele van de algemeene reeks der dieren in haar verband des geheels beter weer te geven willen wij eerst een tabel opstellen van de veertien klassen van het dierenrijk, waarbij wij ons bepalen tot een zeer eenvoudige schets van hun eigenschappen en de trappen van bewerktuiging waarop zij staan.
[159]

1 Vrij vertaald. Er staat: "la faculté de reproduire lui même d'autres individus, qui lui ressemblent, qui le remplacent et qui perpetuent sa race par la même voie;" deze tusschenvoeging maakt echter den heelen passus dubbelzinnig en is daarom hier weggelaten (vert.)

2 Zie *Voyage du jeune Anarcharsis*, door J. J. Barthelemy, deel V, p. 353 en 354.

Tabel I Van de trapswijze indeeling en classificatie der dieren zoo nauw mogelijk volgens hunne Natuurlijke Orde

ONGEWERVELDE DIEREN

Klassen

I INFUSORIA. (AFGIETSELDIERTJES). Vormlooze dieren, zich voortplantende door deeling of knopvorming; het lichaam geleiachtig, doorzichtig en homogeen, samentrekbaar en microscopisch klein; geenerlei straalsgewijze tentakels of rondwielende aanhangsels; geen enkel bijzonder orgaan, zelfs niet voor de spijsvertering.

Ien GRAAD: Geen zenuwen; geen vaten; geen andere inwendige organen dan die voor de spijsvertering.

II POLYPI. (POLIEPEN). Voortplanting door knopvorming; lichaam tot zelfherstelling geschikt en zonder andere inwendige organen dan een spijsverteringskanaal met één enkele opening. Mond eindstandig, straalsgewijze omgeven van tentakels of voorzien van gewimperde, rondwielende aanhangselen. De meeste vormen samengestelde koloniën.

III RADIATA. (STRAALDIEREN). Vrijlevend en oneigenlijke eieren leggend; het lichaam tot zelfherstelling [160]in staat. Geen kop, oogen of gelede pooten, de deelen straalsgewijze gerangschikt. Mond onderstandig.

IV VERMES. (WORMEN). Oneigenlijke eieren leggend; lichaam als zoodanig tot de voortbrenging geschikt, zonder gedaanteverwisselingen en nooit met oogen of gelede pooten; geen straalsgewijze rangschikking der inwendige deelen.

IIen GRAAD: Geen overlangsche gangliëketen; geen vaten voor den bloedsomloop; eenige inwendige organen buiten die voor de spijsvertering.

V INSECTA (GEKORVEN DIEREN). Eierleggend, een gedaanteverwisseling ondergaande en in volkomen toestand met oogen in den

IIIen GRAAD: Zenuwen eindigende in een

kop, zes gelede pooten en zich allerwege vertakkende luchtbuizen; een enkele bevruchting in den loop van het leven.

VI ARACHNIDA(SPINACHTIGEN).
Eierleggend, altijd met gelede pooten en oogen in den kop, en geen gedaanteverwisseling ondergaande. Beperkte tracheeën voor de ademhaling; een begin van bloedsomloop; verscheidene bevruchtingen in den loop van het leven.

overlangsche ganglieketen; ademhaling door luchthoudende tracheeën; geen of onvolkomen bloedsomloop.

VII CRUSTACEA(SCHAALDIEREN)
Eierleggend, met geleed lichaam en pooten, verschaalde huid, oogen in den kop en meestal vier sprieten; ademhaling door kieuwen; een overlangsche ganglieketen.

VIII ANNELIDA (RINGWORMEN).
Eierleggend met verlengd en geringd lichaam; geen gelede pooten; oogen bij uitzondering; ademhaling door kieuwen; een ganglieketen. [161]

IVen GRAAD:
Zenuwen eindigende in hersenen of een ganglieketen; ademhaling met kieuwen; aders en slagaders voor den bloedsomloop.

IX CIRRHIPEDIA (RANKPOOTIGEN).
Eierleggend met een mantel en gelede armen waarvan de huid hoornachtig is; geen oogen; ademhaling met kieuwen; een ganglieketen.

X MOLLUSCA (WEEKDIEREN).
Eierleggend met week, ongeleed lichaam en een mantel van verschillenden vorm; ademhaling door kieuwen, die in ligging en vorm zich onderscheiden; noch ruggemerg, noch ganglieketen maar de zenuwen eindigen in hersenen.

IVen GRAAD:
Zenuwen eindigende in hersenen of een ganglieketen; ademhaling met kieuwen; aders en slagaders voor den bloedsomloop.

GEWERVELDE DIEREN

Klassen

XI PISCES (VISSCHEN).
Eierleggend zonder melkklieren; ademhaling volkomen en altijd door kieuwen; een begin van (2 of 4) ledematen; voortbeweging door vinnen; huid zonder veeren of haar.

Ven GRAAD:
Zenuwen eindigend in hersenen, die de schedelholte *niet*

XII REPTILIA (KRUIPENDE DIEREN). Eierleggend zonder melkklieren; ademhaling onvolkomen, meest door longen, hetzij ten allen tijde, hetzij alleen in volwassen staat; ledematen vier of twee of geen; geen haren noch veeren op de huid.

XIII AVES (VOGELS). Eierleggend en zonder melkklieren; vier gelede pooten waarvan twee [162]tot vleugels omgevormd; volkomen ademhaling door vastgehechte, doorboorde longen; veeren op de huid.

XIV MAMMALIA (ZOOGDIEREN). Levendbarend met melkklieren; vier gelede pooten, soms echter twee; volkomen ademhaling met ondoorboorde longen. Lichaam althans gedeeltelijk behaard.

VIen GRAAD: Zenuwen eindigend in hersenen die de schedelholte geheel vullen; hart met twee boezems en warm bloed.

vullen; hart met een boezem en koud bloed.

De gesteldheid van deze klassen is van dien aard, dat men altijd gedwongen zal zijn, zich er mee te vereenigen (†), zelfs al zou men hun onderlinge scheidslijnen verwerpen; en wel, omdat zij gegrond is op organisatie van de betreffende levende wezens. En een beschouwing daarvan legt de betrekkingen bloot tusschen de samenstellende elementen van elke afdeeling en den rang van elk harer in de geheele reeks.

Men zal nooit deugdelijke motieven kunnen aanvoeren, om deze indeeling in haar geheel te veranderen, wegens de zoo juist opgenoemde redenen. Maar men zal de onderdeelen kunnen wijzigen, vooral de onderafdeelingen van de klassen, wijl de betrekkingen tusschen de daaraan ondergeschikte dieren moeilijker te bepalen zijn en aan grooter willekeur onderworpen.

Om nu beter te doen gevoelen, hoezeer onze indeeling der dieren overeenkomt met de natuurlijke Orde zelve, ga ik een uiteenzetting geven van de *algemeene reeks* der bekende dieren en hare voornaamste afdeelingen, daarbij voortschrijdende van het eenvoudigere tot het samengesteldere, volgens ons boven genoemde richtsnoer.

Mijn oogmerk zal daarbij zijn den lezer in staat te stellen om den rang te leeren kennen, dien de in dit werk meermalen genoemde dieren in de reeks innemen, en hem de moeite te besparen zich daarvoor [163]tot andere dierkundige werken te wenden. Intusschen zal ik hier slechts een eenvoudige lijst geven van de *geslachten* en alleen de voornaamste afdeelingen; maar deze zal voldoende zijn om de uitgebreidheid van de algemeene reeks te laten zien, het natuurlijke van hare rangschikking en het dwingende van de plaatsing der *klassen, orden* en wellicht ook van de families en *genera*. Men voelt wel, dat de bijzonderheden van alle genoemde voorwerpen in onze goede werken over zoölogie moèten bestudeerd worden, aangezien de behandeling daarvan in dit boek niet op mijn weg lag. [164]

TABEL II, ALGEMEENE INDEELING DER DIEREN

IN EEN REEKS VOLGENS DE NATUURLIJKE ORDE ZELVE

ONGEWERVELDE DIEREN (EVERTEBRATA)

Zij hebben geen wervelkolom en bijgevolg ook geen skelet; voor zoover er steunende elementen voor de beweging der deelen zijn, liggen deze onder de huid. Een ruggemerg ontbreekt, en de bewerktuiging laat een groote verscheidenheid van vormen zien.

ORGANISATIE VAN DEN Ien GRAAD

(*Infusoren en Polypen*)

Zie tabel I (boven)1

KLASSE I INFUSORIA.

Zie tabel I

Opmerkingen.

Van alle bekende dieren zijn de afgietseldiertjes het meest onvolkomen en eenvoudigst georganiseerd en het armst aan vermogens; voelen doen zij zeer zeker niet.

Oneindig klein, geleiachtig, doorzichtig, samentrekbaar, bijna homogeen en niet in staat tot het voeren van eenig bijzonder orgaan door de al te zwakke gesteldheid van hun deelen staan de *infusoren* inderdaad niet meer dan in den voorhof van het dier-zijn.

Deze teere diertjes zijn de eenige, die zich voeden zonder eigenlijke spijsvertering (†), maar door de absorptie der huidporiën en inwendige opzuiging. [165]In dat opzicht gelijken zij op de *planten*, wier organische bewegingen voorts ook slechts geschieden door prikkeling van buiten af. De *infusoren* echter zijn prikkelbaar, contractiel en volvoeren plotselinge bewegingen die telkens herhaald kunnen worden, hetgeen hen van de gewassen onderscheidt.

OVERZICHT DER INFUSORIËN

ORDE I, INFUSORIA NUDA

Zonder uitwendige aanhangselen.

1. Monas (Amoebe).
2. Volvox (Boldiertje).
3. Proteus.

1. Vibrio.
2. Bursaria.
3. Colpoda.

ORDE II. INFUSORIA APPENDICULATA

Met uitspringende deelen als haren, hoornachtige uitsteeksels of een staart.

1. Cercaria.
2. Trichocerca. (Een zuigwormlarve).

1. Trichoda.

Opmerking.

De monade, vooral "Monas termo" is het onvolkomenste en eenvoudigste van alle bekende dieren, vermits het uiterst kleine lijfje slechts bestaat uit een geleiachtig, doorzichtig maar samentrekbaar punt. Met dit wezentje moet dus de volgens de natuurlijke Orde gerangschikte reeks der dieren beginnen.

KLASSE II. POLYPI

Zie Tabel I.

Opmerkingen.

Bij de *infusoren* hebben wij uiterst kleine dierkens gezien, wier teere lichaamsbouw alle stevigheid of [166]bijzonderen vorm mist en bijgevolg ook een duidelijken mond en spijsverteringskanaal.

De *polypen* echter, ofschoon nog zeer eenvoudig georganiseerd, zijn toch niet zoo onvolkomen meer als de infusoria. De bewerktuiging heeft kennelijke vorderingen gemaakt; want reeds heeft de natuur voor de betreffende dieren een standvastig-regelmatigen vorm verkregen; reeds zijn alle voorzien van een speciaal spijsverteringsorgaan en derhalve van een mond, den ingang van den spijsverteringszak.

Om een idee te krijgen van een *polyp* stelle men zich voor: een klein, langwerpig lichaam, geleiachtig en zeer prikkelbaar met aan het boveneinde een mond, voorzien van raderorganen of wel van uitstralende tentakels, en welke toegang geeft aan een spijsverteringskanaal zonder verdere uitgangen. Als men hieraan toevoegt de onderlinge verkleving van verscheidene dezer lichaampjes, die aan een gemeenschappelijk leven deel hebben zal men het meest kenschetsende en opmerkelijke omtrent hen weten.

De *polypen* zijn, als hebbende geen gevoelszenuwen noch aparte ademhalingsorganen noch bloedvaten, lager bewerktuigd dan de volgende dierklassen.

OVERZICHT VAN DE POLYPEN

ORDE I. RADERPOLYPEN (ROTIFERI)

Mond met trilhaar- en rader-organen.

1. Urceolaria.
2. Brachionus?

1. Vorticella. (klokdiertje, een infusorium).

[167]

ORDE II. POLYPEN MET POLYPENSTOK

Hebben rondom den mond straalsgewijze voelarmen en zijn bevestigd op een polypenstok, die niet in het water zweeft.

1. Stok vliezig of hoornachtig, zonder duidelijke schors2.

1. Cristatella (Mosdiertje).
2. Plumatella (Mosdiertje).
3. Tubularia (Pyppoliep).
4. Sertularia (Zeemos).

1. Cellularia (Mosdiertje).
2. Flustra (Hoornwier).
3. Cellepora.
4. Botryllus (Geleikorst3).

2. Stok met een hoornachtige as, door schors bedekt.

1. Acetabulum.4
2. Corallina.
3. Spongia (Spons).

1. Alcyonium (Doomansduim).
2. Antipathes (Zwart koraal).
3. Gorgonia (Hoornkoraal).

3. *Stok met geheel of gedeeltelijk versteende as en bedekt door een schorsachtige korst.*

1. Isis (Wit koraal).

1. Corallium (Edel koraal).

4. *Stok geheel versteend en zonder schors.*

1. Tubipora (Orgelkoraal).
2. Lunulites.
3. Ovulites.
4. Siderolites.
5. Orbulites.
6. Alveolites.
7. Ocellaria.
8. Madrepora. (Sponskoraal).
9. Caryophyllia (Bekerkoraal).
10. Turbinolia (Solitair koraal).
11. Fungia (Zwamkoraal).

1. Pavonia.
2. Eschara (Mosdiertje).
3. Retepora (Netkoraal)5.
4. Millepora (Hydrokoraal).
5. Argaricia.
6. Maeandrina (Hersenkoraal).
7. Astraea. (Sterkoraal).
8. Cyclolites.
9. Dactylopora.
10. Virgularia. (Lichtend diepwaterkoraal).

[168]

ORDE III. DRIJVENDE POLYPEN

Stok vrij, verlengd en in het water drijvend met hoorn- of beenachtige as, bedekt met een voor alle polypen gemeenschappelijk week gedeelte; tentakels straalsgewijze om den mond.

1. Funiculina.
2. Veretillum.

1. Encrinus. (Zeelelieachtige Zeeveders)

3. Pennatula (Zeeveder).
2. Umbellula(ria).

ORDE IV. NAAKTE POLYPEN

De vaak veelvoudige voelarmen stralen van den mond uit. Stok ontbreekt.

1. Pedicellaria.
2. Coryne.
3. Hydra (Zoetwaterpoliep).

1. Zoanthus. (Zeeanemonen)
2. Actinia. (Zeeanemonen)

ORGANISATIE VAN DEN IIEN GRAAD

Zie Tabel I

(*Straaldieren en wormen*)

KLASSE III. RADIATA (STRAALDIEREN)

Vrijlevende dieren met knop-achtige eieren; lichaam in staat tot regeneratie, zoowel in- als uitwendig straalsgewijs gebouwd. Een samengesteld spijsverterend orgaan en onderstandige, enkel- of meervoudigen mond.

Opmerkingen.

Dit is de derde classicale scheidingslijn, die ik passend geoordeeld heb bij de natuurlijke indeeling der dieren te trekken.—Hier vinden wij geheel nieuwe vormen, die inmiddels in één beginsel, n.l. de straalsgewijze rangschikking der deelen, zoo in- als uitwendig, hun verwantschap vertoonen.

Het zijn niet langer langwerpige dieren met boven- en eindstandigen mond, meest vastzittend op een polypenstok en in een groot aantal tezamen een gemeenschappelijk leven voerend; maar de organisatie [169]van deze dieren is veel samengestelder, als zijnde enkelvoudig, steeds vrijlevend (†), eigenaardig van gestalte en gemeenlijk om zoo te zeggen in omgekeerde houding verblijvende.

Bijna alle *straaldieren* vertoonen buizen voor het opzuigen van water, die waterhoudende tracheeën schijnen; bij een groot aantal vindt men bijzondere lichamen gelijkende op eierstokken.

Uit een mémoire, die ik zoo juist heb hooren voorlezen in de vergadering van professoren aan het Museum verneem ik, dat een geleerd waarnemer, *doctor Spix*, een Beiersch arts, bij zeesterren en actiniën een zenuwstelsel ontdekt heeft. *Dr. Spix* verzekert bij de roode zeester een vlechtwerk van witte knoopen en vezels gezien te hebben onder het bindweefselvlies dat als een tent over de maag is uitgespannen. Voorts waren er aan de basis van elken straal twee knoopen of gangliën, onderling door een netwerk verbonden en van waaruit andere netten naar de naburige organen verloopen, o.a. twee flinke lange over de geheele lengte van den straal, die de voetjes voorzien.

Volgens zijn waarnemingen vindt men per straal: twee zenuwknoopen, een uitstulping van de maag, twee leverlobben, twee eierstokken en tracheekanalen.

Bij de zeeanemonen observeerde *Dr. Spix* in den voet onder de maag eenige paren gangliën rondom een middelpunt en onderling verbonden door cylindrische netten waarvan er ook naar de hooger gelegen deelen verloopen; buitendien vier ovariën rond de maag, van welker basis kanalen gaan die na zich vereenigd te hebben zich op een lager gelegen punt in de voedselholte uitstorten. — Hoe verwonderlijk, dat dermate samengestelde organen aan de aandacht der betreffende onderzoekers zijn ontsnapt! [170]

Indien *Dr. Spix* zich in zijn waarnemingen niet vergist heeft door aan die organen een verkeerden aard en functie toe te kennen — wat zooveel botanici overkomen is, die geslachtelijkheid bij welhaast alle cryptogamen gezien meenen te hebben, — dan is het resultaat:

1. 1e. Dat men niet langer het zenuwstelsel moet beschouwen als te beginnen bij de insecten, maar
2. 2e. bij de wormen, straaldieren en zelfs bij Actinia, het laatste geslacht der polypen;
3. 3e. Dat daarom nog niet alle polypen zoo'n stelsel in beginsel behoeven te bezitten — (evenmin als bijvoorbeeld *alle* reptielen kieuwen hebben);

4. 4e. Dat desalniettemin het zenuwstelsel een bijzonder orgaan is, niet bij alle levende wezens voorkomend, noch bij de planten, noch bij alle dieren. Want, gelijk aangetoond, is zijn tegenwoordigheid bij de infusoriën uitgesloten en voorzeker ook bij de meerderheid der polypen; men zou het bijv. tevergeefs zoeken bij de zoetwaterpolyp, die intusschen toch tot de laatste orde van die klasse behoort, welke orde het dichtst bij de radiaten staat, als bevattende ook de actiniën.

Hoezeer gegrond dus de bovengenoemde feiten ook mogen zijn, de in dit werk uiteengezette beschouwingen omtrent de achtereenvolgende vorming der verschillende bijzondere organen blijven onaangetast bestaan, op welken trap van de scala der dieren zij ook een aanvang nemen. En altijd geldt dit: dat de dierlijke functies pas beginnen plaats te hebben bij het optreden van de betreffende organen. [171]

OVERZICHT DER RADIATA

ORDE I. WEEKE STRAALDIEREN

Lichaam geleiachtig; huid week en doorschijnend, zonder gelede stekels; anus ontbreekt.

1. Stephanomia.
2. Lucernaria (Bekerkwallen).
3. Physophora (Blaaskwal).
4. Physalia (Portugeesch oorlogsschip).
5. Velella (Zeilkwal).
6. Porpita (Platte buiskwal).

1. Pyrosoma (Vuurrol6).
2. Beroë (Ribkwal).
3. Aequorea (Hydromeduse).
4. Rhizostoma (Longkwal).
5. Medusa (Groote kwal).

ORDE II. STEKELHUIDIGE STRAALDIEREN (RADIATA ECHINODERMATA)

Huid ondoorschijnend, korst- of lederachtig met intrekbare voetjes of op knobbeltjes bewegelijk bevestigde stekels en (dan) met rijen gaatjes.

1. *Zeesterren. Huid niet prikkelbaar maar beweeglijk; geen anus.*
   1. Ophiura (Slangster).
   1. Asterias (Zeester).
2. *Zeeëgels. Huid noch prikkelbaar, noch beweeglijk; een anus.*
   1. Clypeaster (Zeeschild).
   2. Cassidulus.
   3. Spatangus (Zeeklit).
   4. Ananchytes.
   1. Galerites.
   2. Nucleolites.
   3. Echinus (Zeeegel).

3. *Zeekomkommers. Lichaam verlengd, huid beweeglijk en prikkelbaar; een anus.*
   1. Holothuria (Zeekomkommer).
   1. Sipuncules (Spuitworm7).

[172]
Opmerking.

Sipunculus is zeer verwant met de wormen; wegens het ontdekken van hun betrekkingen tot de holothuren zijn ze bij de straaldieren geplaatst (†), wier eigenschappen ze niet meer vertoonen en aan welker einde ze derhalve moeten komen.

Bij een goede natuurlijke indeeling vertoonen de eerste en de laatste genera der klassen de klassieke karaktertrekken het minst uitgesproken, wijl ze zich op den grens bevinden. En aangezien de scheidingslijnen kunstmatig zijn moeten zij wel die eigenschappen van hun klasse in mindere mate bezitten.

KLASSE IV. VERMES (WORMEN)

Weeke dieren, zich voortplantende met oneigenlijke eieren; lang van vorm zonder kop, oogen of pooten en zonder trilhaargroepen of bloedsomloop; compleet spijsverteringsorgaan, met twee openingen. Mond bestaande uit een of meerdere zuignappen.

Opmerkingen.

De algemeene gedaante der *wormen* is zeer verschillend van die der straaldieren en hun zuig-mond heeft geen enkele overeenkomst met dien der polypen welke slechts bestaat uit een opening, straalsgewijze omgeven door tentakels of raderorganen. De wormen hebben in 't algemeen een zeer weinig samentrekbaar lichaam, ofschoon zeer week en het ingewand is niet langer voorzien van slechts een enkele opening.

Bij de holothuren heeft de natuur voor 't eerst den straalsgewijzen bouw verlaten en het lichaam een langwerpigen vorm gegeven, de eenige, die tot het voorgestelde doel kon leiden.

Te beginnen met de wormen zal zij voortaan streven naar het beginsel van *symmetrie tusschen gepaarde deelen*, de weg waarheen leidt over den geleden [173]lichaamsbouw; maar in de i.z.o. tweevormige klasse der *vermes* zijn daarvan ternauwernood de grondslagen gelegd.

OVERZICHT DER VERMES

ORDE I. ROLRONDE WORMEN

1. Gordius (Koordworm).
2. Filaria (Draadworm).
3. Proboscides.
4. Crino.
5. Ascaris (Spoelworm).
6. Fissula.
7. Trichocephalus (Haarkopworm).

1. Cucullanus.
2. Strongylus (Palissadenworm).
3. Scolex (Blaasworm).
4. Caryophyllaeus (Anjelierworm).
5. Tentacularia.
6. Echinorhynchus. (Hakenworm).

ORDE II. BLAASWORMEN

1. Bicornis (Ditrachycera).
1. Hydatis (Worm-blaas).

ORDE III. PLATWORMEN

1. Taenia (Lintworm).
2. Linguatula (Wormspin).
1. Ligula (Vogellintwormpje).
2. Fasciola (Leverbot).

ORGANISATIE VAN DEN IIIen GRAAD

Zie Tabel I

(Insecten en Spinachtige dieren).

KLASSE V. INSECTA

Eierleggende dieren, die een gedaanteverwisseling ondergaan, vleugels kunnen hebben en in volkomen staat zes gelede pooten, twee sprieten, twee facetoogen en een verhoornde huid bezitten. Ademhaling door luchthoudende tracheeën die zich in alle deelen uitstrekken; geen bloedsomloop; gescheiden geslacht met een enkele bevruchting gedurende den loop van het leven (†).

Opmerkingen.

Bij de insecten aangekomen bevinden we bij de [174]uiterst talrijke dieren dezer klasse een staat van zaken, totaal afwijkend van dien in de vier vorige. In plaats van een kleinen vooruitgang in bewerktuiging heeft men dan ook een belangrijken sprong gemaakt.

Bij deze dieren toch ontmoeten we bij uitwendige beschouwing voor de eerste maal een werkelijken, duidelijken *kop*; zeer merkwaardige, ofschoon nog onvolkomen oogen; gelede pooten op twee rijen geplaatst, en het beginsel van symmetrie tusschen gepaarde deelen, dat de natuur voortaan tot bij de meest volkomen dieren zal toepassen.

Inwendig treffen we een volledig zenuwstelsel aan, bestaande uit zenuwen, die uitloopen in een *ganglieketen.* Maar ofschoon volledig is het nog verre van volmaakt daar het gevoelscentrum zeer verbrokkeld is en de zinnen zelve weinige in getal en zeer duister zijn. Ten slotte vinden wij er nog een werkelijk spierstelsel en gescheiden geslachten die echter, evenals de planten, slechts tot één enkele bevruchting in staat zijn (†).

Weliswaar ontbreekt alsnog een *bloedsomloop*, welke perfectioneering van bewerktuiging men hooger in de dierenketen moet zoeken.

Aan alle *insecten* zijn in volwassen staat vleugels eigen; diegene, waarbij ze ontbreken, hebben ze door constant geworden reductie verloren.

In het hier volgende overzicht is het aantal geslachten tot ver onder het gebruikelijke teruggebracht. Het belang van de studie, de eenvoud en duidelijkheid van de methode schenen mij die besnoeiïng noodig te maken, die overigens aan de wetenschap geen schade behoeft te doen. Alle voorhanden bijzonderheden in de eigenschappen der planten en dieren aan te grijpen om het aantal genera tot het oneindige te vermeerderen is, wel verre van de wetenschap te dienen, deze fnuiken en verduisteren, [175]en de studie zoo samengesteld en moeilijk maken, dat zij nog slechts uitvoerbaar blijft voor diegenen, die hun heele leven zouden willen wijden aan het leeren kennen van de geweldige nomenclatuur en de pietluttige bijzonderheden ter onderscheiding dezer dieren.

OVERZICHT DER INSECTEN

(A) ZUIGERS

Bek met zuigslurf, met of zonder scheede.

ORDE I. APTERA (VLEUGELLOOZEN.)

Een tweekleppige drieledige snuit, een uit twee borstels bestaande slurf insluitend. — De vleugels gewoonlijk bij beide sexen onontwikkeld; pootlooze larve; onbeweeglijke pop in een cocon.

1. Pulex (Vloo)

ORDE II. DIPTERA (TWEEVLEUGELIGEN)

Slurf ongeleed, recht of gebogen, soms intrekbaar. Twee naakte vleugels, vliezig en van aderen voorzien; twee kolfjes; larve een meest pootlooze made.

1. Hippobosca (Paardenluisvlieg).
2. —
3. Oestrus (Schapenhorzel).
4. —
5. Stratiomys (Doornrug).
6. Syrphus (Zweefvlieg).
7. Anthrax (Rouwvlieg).
8. Musca (Huisvlieg).
9. —
10. Stomoxys (Steekvlieg).
11. Myopa.)

1. Conops.) (Dikkopvlieg).
2. Empis (Dansvlieg).
3. Bombylius (Hommelvlieg).
4. Asilus (Roofvlieg).
5. Tabanus (Daas).
6. Rhagio (Leptis, Snipvlieg).
7. —
8. Culex (Steekmug).
9. Tipula (Langpootmug).
10. Simulium (Kriebelmugje).
11. Bibio (Vliegmug).

[176]

ORDE III. HEMIPTERA (HALFVLEUGELIGEN)

Snuit scherp, geleed, onder de borst gebogen en als scheede dienende voor een uit 3 borstels bestaande slurf. — *Twee vleugels, onder vliezige dekschilden verborgen; larf zespootig; beweeglijke en etende pop.*

1. Dorthesia (Brandnetelluis).
2. Coccus (Schildluis).
3. Psylla (Bladvloo).
4. Aphis (Bladluis).
5. Aleurodes (Motschildluis).
6. Thrips (Blaaspoot).
7. —
8. Cicada.
9. Fulgora (Lantaarndrager).
10. Tettigonia.

1. Pentatoma (Frambozenwants).
2. Cimex (Bedwants).
3. Corteus (Randwants).
4. Reduvius (Roofwants.)
5. Hydrometra (Schaatsenrijder).
6. —
7. Gerris.
8. Nepa (Waterschorpioen).
9. Notonecta (Rugzwemmer).
10. Naucoris (Zwemwants).

11. —
12. Scutellera (Schildwants).

11. Corisa (Duikerwants).

ORDE IV. LEPIDOPTERA (VLINDERS)

Slurf uit twee stukken bestaande zonder scheede, een buisvormige snuit gelijk en spiraalvormig opgerold in rust. — Vier vliezige vleugels, bedekt met gekleurde en meelachtige schubben. — Larf met acht tot zestien pooten; pop onbeweeglijk.

1. *Sprieten priem- of borstelvormig.*

   1. Pterophorus (Vedermot).
   2. Orneodes (Kamperfoeliemot).
   3. Cerostoma (Motten).
   4. Tinea.
   5. Alucita (Zespennige Vlinder).
   6. Adela (Mot).

   1. Pyralis (Meelmot).
   2. —
   3. Noctua (Uil).
   4. Phalaena.
   5. Bombyx (Zijdevlinder).
   6. Hepialus (o.a. Hopvlinder, Heidewortelvlinder).

2. *Sprieten ergens verdikt.*

   1. Zygaena (St. Jansvlinders of Bloedvlekjes).
   2. Papilio (Koninginnepage).

   1. Sphinx (Pijlstaart).
   2. Sesia (Wespvlinder).

[177]

(B) BIJTERS

Bek met bovenkaken, meest begeleid door onderkaken.

ORDE V. HYMENOPTERA (VLIESVLEUGELIGEN)

Bovenkaken en een uit drie min of meer verlengde stukken bestaande slurf, waarvan de basis in een korte scheede besloten is. — *Vier naakte vleugels, vliezig, geaderd en ongelijk van vorm; anus van de wijfjes met een stekel of legboor bewapend; pop onbeweeglijk.*

1. *Anus der wijfjes met een stekel gewapend.*

   1. Apis (Bij).
   2. Monomelita
   3. Nomada (Wespbij, Koekoeksbij).
   4. Eucera (Langsprietbij).
   5. Andrena (Graafbij).
   6. Vespa (Wesp).
   7. Polistes (Plooiwesp).

   1. Formica (Mier).
   2. Mutilla (Mierenwesp).
   3. Scolia (Dolkwespen).
   4. Tiphia.
   5. Bembex (Bastaardwesp).
   6. Crabro (Graafwesp).
   7. Sphex (o.a. Sprinkhanenjager).

2. *Anus der wijfjes voorzien van een legboor.*

   1. Chrysis (Goudwesp)
   2. Oxyurus.
   3. —
   4. Leucopsis (een dipteer).
   5. Chalcis (Metaalwesp).
   6. Cynips (Galwesp).
   7. Diplolepis (").
   8. Ichneumon (Sluipwesp).

   1. —
   2. Evania (Hongerwesp).
   3. Foenus (Jichtwesp).
   4. —
   5. Urocerus.
   6. Oryssus (Houtwesp).
   7. Tenthredo (Bladwesp).
   8. Clavellaria (").

ORDE VI. NEUROPTERA (NETVLEUGELIGEN)

Boven- en onderkaken. — *Vier naakte, vliezige vleugelen met een netwerk van aderen; achterlijf verlengd en zonder stekels of legboor; larve zespootig; metamorphose verschillend.*

1. *Pop onbeweeglijk.*

   1. Perla. (Perlarien)
   2. Nemura. (Perlarien)

   1. Hemerobius (Gaasvlieg).
   2. Ascalaphus (Vlinderhaft).

3. Phryganea (Kokerjuffer).

3. Myrmeleon (Mierenleeuw).

[178]
2. Pop beweeglijk.
1. Nemoptera (Draadhalft).
2. Panorpa (Schorpioenvlieg).
3. Psocus (Houtvlieg).
4. Termes (Termiet).
5. —
6. Corydalis (een Grootvleugel).
7. Chauliodes.

1. Raphidia (Kameelhalsvlieg).
2. Ephemera (Haft).
3. —
4. Agrion (Waterjuffer).
5. Aeschna (Glazenmaker).
6. Libellula (Libel).

ORDE VII. ORTHOPTERA (RECHTVLEUGELIGEN)
Bovenkaken en door een helm bedekte onderkaken. Twee rechte vleugels, overlangs opgevouwen en bedekt door bijna vliezige elytren. — Larf als het volwassen insect, maar zonder vleugels of dekschilden; beweeglijke pop.

1. Locusta (Sabelsprinkhaan).
2. Acheta (Huiskrekel).
3. Acridium (Treksprinkhaan).
4. Truxalis.
5. —
6. Mantis (Bidsprinkhaan).

1. Phasma.
2. Spectrum (Wandelende Tak).
3. —
4. Gryllus (Krekel).
5. Blatta (Kakkerlak).
6. Forficula (Oorworm).

ORDE VIII. COLEOPTERA (KEVERS)
Boven- en onderkaken. — Twee vliezige vleugels, in rust overdwars gevouwen en onder twee kortere harde of leerachtige schilden. — Larf zespootig, blind en met beschubden kop; pop onbeweeglijk.

1. *Twee of drie leden aan alle tarsen.*
    1. Pselaphus.
    2. –
    1. Coccinella (Lieveheersbeestje).
    2. Eumorphus.

2. *Vier leden aan alle tarsen.*
    1. Erotylus (Zwamkever).
    2. Cassida (Schildpadtor).
    3. Chrysomela (Goudhaantje).
    4. Necydalis (Wespenbok).
    5. Callidium (Prachtbok).
    6. Cerambyx (Heldenbok). [179]
    7. Galeruca (Helmkever).
    8. Crioceris (Haantje).
    9. Clytra (Zakkever).
    10. Cryptocephalus.
    11. –
    12. Leptura (Smallebloemenbok).
    13. Stenocorus.
    14. Saperda (Populierenboktor).

    1. –
    2. Prionus (Breede bok).
    3. Spondylis (Woudbok).
    4. –
    5. Bostrychus (Boorkever).
    6. Mycetophagus (Zwameter).
    7. Trogosita (Meeltor).
    8. Cucujus (Schorskever).
    9. Bruchus (Erwtenkever).
    10. Attelabus (Eikenbladroller).
    11. Brenthus (Langkever).
    12. Curculio (Snuittor).
    13. Brachycerus.

3. *Vijf leden aan de tarsen van de twee voorste pootparen, vier aan die van het achterste paar.*
    1. Opatrum (Dofzwarte zandtor).
    2. Tenebrio (Meelworm).
    3. Blaps (Rouwkever).
    4. Pimelia (Vetkever).
    5. Sepidium.
    6. Scaurus.
    7. Erodius.
    8. Chiroscelis.

    1. Mordella (Wigkever).
    2. Rhipiphorus (Waaierkever).
    3. Pyrochroa (Vuurkever).
    4. Cossyphus.
    5. Notoxus (Spitsrugkever).
    6. Lagria (Haartor).
    7. Cercoma.
    8. Apalus.

9. —
10. Helops.
11. Diaperis.
12. —
13. Cistela.

9. Horia.
10. Mylabris (Blaaskever).
11. Cantharis (Weekschildkever).
12. Meloë (Oliekever).

4. *Aan alle tarsen vijf leedjes.*

1. Lymexylon (Werfkever).
2. Telephorus (=Cantharis).
3. Malachius (Koperen tor).
4. Melyris.
5. Lampyris (Glimworm).
6. Lycus.
7. Omalysus.
8. Drilus (Slakkentor).
9. —
10. Melasis.
11. Buprestis (Prachtkever).
12. Elater (Kniptor).
13. —
14. —
15. Hydrophilus (Pikzwarte watertor).
16. Gyrinus (Draaikever).
17. Dryops.
18. Clerus (Bonte kever).
19. —
20. Necrophorus (Doodgraver)
21. Silpha (Aaskever).
22. Nitidula (Glanskever).
23. Ips (Graveertor; Bastkevers).
24. Dermestes (Spektor). [180]
25. Ptilinus.
26. Anobium (Klappertje).

1. —
2. Staphylinus (Kortschildkever).
3. Oxyporus.
4. Paederus (Kortvleugeltor).
5. —
6. Cicindela (Zandkever).
7. Elaphrus (Ooverlooper).
8. Scarites (Vingertor).
9. Mantichora (Zandkever).
10. Carabus (Loopkever).
11. Dytiscus (Watertor).
12. Anthrenus (Museum tor).
13. Byrrhus (Pillenkever).
14. Hister (Krengtor).
15. Sphaeridium (Koemestkever).
16. —
17. Trox.
18. Cetonia (Gouden tor).
19. Goliathus (Goliathkever).
20. Melolontha (Meikever).
21. Lethrus (Wingerdsnijder).
22. Geotrupes (Mestkever).

189

27. Ptinus (Diefje).
23. Copris (Spaansche kever).
24. Scarabaeus (Heilige tor).
25. Passalus (Suikerkever).
26. Lucanus (Vliegend hert).

KLASSE VI. ARACHNIDA (SPINACHTIGEN)

Zie Tabel I

Opmerkingen.

De spinachtige dieren, die in onze rangschikking na de insecten komen, hebben een kennelijken vooruitgang in bewerktuiging te boeken. Zoo vertoont zich feitelijk de geslachtelijke voortplanting voor 't eerst in zijn typischen vorm, daar deze dieren zich meerdere malen in den loop van hun leven paren en voortplanten (de insecten slechts één keer, evenals de planten). Voorts vinden we hier ook het eerste optreden van een bloedsomloop, want volgens de waarnemingen van *Cuvier* treft men bij hen een hart aan, waarvanuit twee of drie paar bloedvaten loopen.

De arachnida leven in de lucht, evenals de volwassen insecten, maar ze ondergaan volstrekt geen gedaanteverwisseling, hebben nooit vleugels of dekschilden (zonder dat dit het gevolg is van reductie) en leven gewoonlijk verborgen, althans eenzaam, terwijl ze zich voeden met hun prooi, daaruit tenminste bloed zuigen.

Bij de arachniden gaat de ademhaling nog op dezelfde [181]wijze als bij de insecten, maar dit is op het punt van te veranderen; want de tracheeën zijn hier zeer beperkt, om zoo te zeggen verworden en strekken zich niet in alle deelen van het lichaam uit. Ze zijn gelimiteerd tot een klein aantal blaasjes, volgens de mededeelingen van *Cuvier* (Anatom. vol. IV, p. 419). Bij geen enkel dier van de hierna volgende klassen vinden we dit ademstelsel terug.

OVERZICHT DER SPINACHTIGE DIEREN

ORDE I. ARACHNIDA PALPATA

Geen sprieten maar slechts palpen; kop met borststuk versmolten; acht pooten.

1. Mygale (Vogelspin).
2. Aranea (Kruisspin).
3. Phrynus (Zweefschorpioen).
4. Thelyphonus (Draadschorpioen).
5. Scorpio (Schorpioen).
6. —
7. Chelifer (Boekenschorpioen).
8. Galeodes (Rolspin).
9. Phalangium (Hooiwagen).

1. Trogulus.
2. Elays.
3. Trombidion (Loopmijt).
4. —
5. Hydrachna (Watermijt).
6. Bdella (Snavelmijt).
7. Acarus (Mijt).
8. Nymphon (Zeespin).
9. Pycnogonum (Zeespin).

ORDE II. ARACHNIDA ANTENNATA

Twee sprieten; kop en borststuk afzonderlijk.

1. Pediculus (Luis).
2. Ricinus (Hondenteek).
3.
4. Forbicina.
5. Podura (Springstaart).

1. —
2. Scolopendra (Duizendpoot)
3. Scutigera (Schilddrager).
4. Julus (Milioenpoot).

ORGANISATIE VAN DEN IVen GRAAD

Zie Tabel I

(*Crustacea, Annelida, Cirripedia en Mollusca*).

Eierleggende dieren met geleed lichaam en ledematen, verharde huid, verscheidene paren kaken en op den kop oogen en sprieten. Ademhaling met kieuwen; een hart en bloedvaten.

Opmerkingen.

Bij de formeering der schaaldieren heeft de natuur [182]blijkbaar weer een aanzienlijken vooruitgang gemaakt.—Vooreerst verschilt het ademhalingssysteem ten eene male van dat der spinachtige en gekorven dieren; het betreffende stelsel namelijk (de *kieuwen*) wordt tot bij de visschen toegepast. Tracheeën zullen we niet meer aantreffen en de kieuwen zelf verdwijnen pas met het optreden van cellongen.

Voorts is de *bloedsomloop*,—bij de arachniden nog pas in staat van wording,—hier tot volle ontwikkeling gekomen, want bij de *crustacea* vindt men een hart en slagaderen, die het bloed naar de verschillende deelen van het lichaam stuwen alsmede aders voor de terugleiding naar het centrum der circulatie.

De geleding geschiedt nog op dezelfde manier als bij insecten en spinnen, waar door verharding van de huid de spier-werking vergemakkelijkt is; maar voortaan zal de natuur dit stelsel verlaten ten gunste van een ander.

De meeste schaaldieren leven in het water, 't zij zout, brak of zoet; slechts sommige houden zich op 't land op en ademen met hun kieuwen lucht in; ze voeden zich zonder uitzondering met dierlijk voedsel (†).

OVERZICHT DER SCHAALDIEREN

ORDE I. CRUSTACEA MET ZITTENDE OOGEN

De oogen zittend en onbeweeglijk.

1. Oniscus (Pissebed).
2. Ligia (Zeepissebed).
3. Asellus (Waterspin).
4. Cyamus (Walvischluis).
5. Gammarus (Vlookreeft).
6. Caprella (Spookkreeftje).
7. —
8. Cyclops (Eenoog).
9. Zoea (Larvevorm).

1. Cephaloculus.
2. Anymone.
3. Daphnia (Watervloo).
4. Lynceus.
5. Osole.
6. Limulus (Degenkrab).
7. Caligus (Vischluis).
8. Polyphemus (Roof-

watervloo).

[183]

ORDE II. CRUSTACEA MET GESTEELDE OOGEN

Twee duidelijke oogen op beweeglijke stelen.

1. Staart verlengd, met zwemblaadjes, haken of haren voorzien.

1. Branchipus (Kieuwpoot).
2. Squilla (Bidkreeft).
3. Palaemon (Garnaal).
4. Crangon (Garnaal).
5. Palinurus(Langoest).
6. Scyllarus (Beerkreeft).
7. Galathea (Bastaardkreeft).

1. Pagurus (Heremietkreeft).
2. —
3. Ranina (Kikkerkrab).
4. Albunea (Zandkreeft).
5. Hippa (Bras. Graafkreeft).
6. Corystes (Helmkrab).
7. Porcellana (Porcelein krabbetje).

2. Staart kort, naakt en tegen de onderzijde van het achterlijf gedrukt.

1. Pinnotheres. (Erwtenkrabbetje).
2. Leucosia (Bolkrab).
3. Arctopsis.
4. Maia (Spinkrab).
5.
6. Matuta.
7. Orithyia.
8. Podophthalmus.

1. Dorippe (Camoufleerkrab).
2. Plagusia.
3. Grapsus (Rotskrab),
4. Ocypode (Zandkrab).
5. Calappa (Schaamkrab).
6. Hepatus (Chilikrab).
7. Dromia (Wolkrab).
8. Cancer (Noordzeekrab).

KLASSE VIII. ANNELIDA (RINGWORMEN)

Eierleggende dieren met verlengd, week lichaam, overdwars geringd, zelden met oogen of duidelijken kop en zonder gelede pooten. Aderen en slagaderen voor den bloedsomloop; ademhaling door kieuwen; een ganglieketen.

Opmerkingen.

Bij de ringwormen ziet men een poging der natuur tot het verlaten van den geleden lichaamsbouw der insecten, crustaceeën en spinachtigen. Het lange, weeke lichaam, meestal eenvoudig in ringen verdeeld, geeft hun schijnbaar het onvolkomen voorkomen der *wormen*, waarmede zij verward zijn. [184]Maar het bezit van arteriën en venen en de ademhaling door kieuwen doet deze dieren den overgang vormen van de schaal- tot de week-dieren.

Zij missen gelede pooten8, en de meerderheid voert in plaats daarvan (bundels van) haren. Bijna alle zijn zuigers en voeden zich slechts met vloeibare stoffen.

OVERZICHT DER RINGWORMEN

ORDE I. CRYPTOBRANCHIATA (BEDEKTKIEUWIGE ANNELIDEN)

1. Planaria (Platworm).
2. Sanguisuga (Bloedzuiger).
3. Lernaea (Haantje).9
4. Clavella.9
5. —

1. Furia.
2. Nais (Zoetwaterborstelwormpje).
3. Lumbricus (Regen worm).
4. Thalassema (Echiuride).

ORDE II. GYMNOBRANCHIATA (NAAKTKIEUWIGE ANNELIDEN)

1. Arenicola (Zeepier).
2. Amphinome. —
3. Aprodite (Zeemuis).
4. Nereis (Zeeduizendpoot).

1. Sabellaria (Zandkokerworm).
2. —
3. Serpula (Kalkkokerworm).

5. —
6. Terebella (Schelpkokerworm).
7. Amphitrite (Schelpkokerworm).
4. Spirorbis (Spiraalkokerwormpje).
5. Siliquaria.10
6. Dentallium.10

[185]

KLASSE IX. CIRRIPEDIA (RANKPOOTIGEN)

Eierleggende dieren met een schaal, zonder kop of oogen; een mantel bekleedt van binnen de schaal; gelede armen met hoornachtige huid; mond met twee paar kaken. Ademhaling met kieuwen; een ganglieketen, bloedvaten aanwezig.

Opmerkingen.

Ofschoon men van deze groep nog slechts een gering aantal geslachten kent zijn de eigenschappen dezer dieren zóó singulier, dat zij de opstelling van een afzonderlijke klasse eischen.

De *cirripediën* kunnen, als hebbende een schaal en mantel, en kop met oogen missende, geen crustaceeën zijn; hun rank-armen verzetten zich tegen een groepeering onder de anneliden en de ganglieketen tegen die bij de mollusken.

OVERZICHT DER RANKPOOTIGEN

1. Tubicinella. (op walvisschen groeiende r.p.)
2. Coronula. (op walvisschen groeiende r.p.)
1. Balanus (Zeepok).
2. Lepas (Eendemossel).

Opmerking.

Men ziet, dat de *rankpootigen* nog met de ringwormen overeenkomen door de ganglieketen. Maar ze zijn al een voorbereiding tot de mollusken, hetgeen blijkt uit den mantel, waarmee de binnenzijde der schaal bekleed is.

KLASSE X. MOLLUSCA (WEEKDIEREN)

Zie Tabel I

De meeste zijn gehuld in een schelp; bij sommige is deze meer of minder in het lichaam besloten en bij nog andere ontbreekt ze geheel.

Opmerkingen.

De *weekdieren* zijn het best georganiseerd van alle evertebraten, d.w.z. het meest samengesteld en den visschen het naast bestaande. — Ze vormen een [186]rijkvertakte klasse als afsluiting der on gewervelde dieren, bij uitstek van de overige onderscheiden doordat het zenuwstelsel noch uit een ruggemerg noch uit een ganglieketen bestaat.

De natuur schijnt, op den drempel van de bewerktuiging der *vertebraten*, de noodige toebereidselen daartoe te treffen. De mollusken, die met een geleed huidskelet voorgoed gebroken hebben, zijn dan ook zeer langzaam in hun bewegingen en schijnen in zooverre zelfs lager georganiseerd dan de insecten. En voorts laten zij vooral in hun zenuwstelsel een overgangstoestand zien tusschen de ongewervelde en de gewervelde dieren en zijn in dat opzicht goed gekarakteriseerd tegenover de andere evertebraten.

OVERZICHT VAN DE WEEKDIEREN

ORDE I. KOPLOOZE WEEKDIEREN (MOLLUSCA ACEPHALOTA)

Geen kop, oogen of kauwwerktuigen; voortplanting zonder paring. De meeste hebben een tweekleppige, scharnierende schelp.

BRACHIOPODA

Lingula.   "Armpootige Weekdieren"
Terebratula.
Orbicula.

OSTRACEAE

1. Radiolites.
2. Calceola.
3. Crania (Brachiopode).

1. Ostrea (Oester).
2. Gryphaea.
3. Plicatula.

4. Anomia (Zadelmossel).
5. Placuna (Zadelschelp).
6. Vulsella (Tangmossel).

4. Spondylus (Klepoester).
5. Pecten (Kam- of Jacobsschelp).

BYSSIFERAE

1. Pedum.
2. Lima (Vijlmossel).
3. Pinna (Steekmossel).
4. Mytilus (Mossel).
5. Modiola (Baardmossel).

1. Crenatula.
2. Perna.
3. Malleus (Hamermossel).
4. Avicula (Vogelmossel).
5. —

[187]
CHAMACEAE

1. Ætheria (Afr. zoetwateroesters).
2. Chama (Gaapmossel).
3. Diceras.

1. Corbula (Korfje).
2. Pandora.
3. —

NAJADES

1. Unio (Schildersmossel).

1. Anodonta (Vijvermossel).

ARCACEAE

1. Nucula (Nootschelp).
2. Pectunculus.
3. Arca (Arkmossel).

1. Cuculaea.
2. Trigonia (Driehoekschelp).
3. —

CARDIACEAE

1. Tridacna (Reuzenschelp).
2. Hippopus (Paardevoet).

1. Isocardia (Hartkromp).

197

3. Cardium (Kokkel). 2. Cardita.

CONCHIAE

1. Venericardia.
2. Venus (Venusschelp).
3. Cytherea.
4. Donax (Zaagje).
5. Tellina (Platschelp).

1. Lucina.
2. Cyclas (Hoornschaal).
3. Galathaea.
4. Capsa.

MACTRACEAE

1. Erycina.
2. Ungulina.
3. Crassatella (Dikschelp).

1. Lutraria (Slijkschelp).
2. Mactra (Strandschelp).
3. –

MYIDAE

1. Mya (Gaper).
2. Panopea.

1. Anatina (Eendenschelp).

SOLENACEAE

1. Glycymeris.
2. Solen (Messcheede).
3. Sanguinolaria.

1. Petricola. (Steenboorder).
2. Saxicava. (Steenboorder).
3. Rupellaria.

PHOLADIDAE

1. Pholas (Baardmossel).
2. Teredo (Paalworm).
3. Fistulana (Zandpijp).

1. Aspergillum (Gieterschelp).
2. –

[188]

ASCIDIAE[11]
1. Ascidia (Zakpijp).
2. Salpa (Glaspijp).

1. Mammaria.

ORDE II. WEEKDIEREN MET KOP (MOLLUSCA CEPHALA)

Een duidelijke kop, oogen, en gewoonlijk twee of vier voelers; in den bek kaken of een slurf; voortplanting door paring. Schelp indien aanwezig, nooit tweekleppig.

I. PTEROPODA (VLEUGELSLAKJES)
Twee zijdelingsche, vinvormige vleugels.

Hyalea.	Geschaalde	Vleugelslakken.
Pneumodermon.	Ongeschaalde	
Clio.		

II. GASTEROPODA (BUIKVOETIGEN)
A. *Lichaam recht, over (bijna) de heele lengte met den voet vereenigd.*

TRITONIDAE

1. Glaucus (Zeeblauwe drijfslak).
2. Aeolis (Draadslak).
3. Scyllaea (Sargassumslak).

1. Tritonia.
2. Tethys (Zeilslak).
3. Doris (Sterslak).

PHYLLIDIIDAE

1. Pleurobranchus (Schildpadslak).
2. Phyllidia.
3. Oscabrium (keverslak).

1. Patella (Napje).
2. Fissurella (Sleutelgathoren).
3. Emarginula.

APLYSIIDAE

1. Aplysia (Zeehaas).

1. Bullaea.

2. Dolabella.   2. Sigaretus. —

[189]
LIMACEAE

1. Oncidium (Zeelongslak).
2. Limax (Veldslak).
3. Parmacella.

1. Vitrina (Glashoren).
2. Testacella (Vleeschetende schaaltjesslak).

B. *Lichaam spiraalvormig; geen sipho.*
HELICIDAE

1. Helix (Gew. Huisjesslak).
2. Helicina.
3. Bulimus (Veelvraatslak).

1. Amphibulimus.
2. Achatina (Patrijsslak).
3. Pupa (Tonhorentje).

ORBACEAE

1. Cyclostoma (Rondmond).
2. Vivipara (Moerasslak).

1. Planorbis (Posthoornslak).
2. Ampullaria (Kogelslak).

AURICULACEAE

1. Auricula (Oorslak).
2. Melanopsis —

1. Melania (Levendbarende zoetwaterslak).
2. Limnaeus (Poelslak).

NERITACEAE

1. Neritina.
2. Nacella (Beekslak).

1. Nerita.
2. Natica (Tepelhoren).

STOMATACEAE
1. Haliotis (Zeeoor).
2. Stomatia.

1. Stomatella.

TURBINACEAE
1. Phasianella.
2. Turbo (Maanhoren).
3. Monodonta.
4. Delphinula.—

1. Scalaria (Wenteltrapje).
2. Turritella (Torentje).
3. Vermicularia?

HETEROCLITA
1. Volavria.
2. Bulla (Blaasslak).

1. Janthina (Kwalboot- of viooltjesslak).

CALYPTRACEAE
1. Crepidula (Pantoffelslak).
2. Calyptraea.

1. Solarium (Zonnewijzer).
2. Trochus (Tolhoren).

[190]
C. Lichaam spiraalvormig; een sipho.
CANALIFERAE
1. Cerithium (Naaldslak).
2. Pleurotoma (Slurfrand).
3. Pyrula (Peerslak).
4. Murex (Stekelhoorn).

1. Turbinella.
2. Fasciolaria (Bandslak).
3. Fusus (Spilhoren).

ALATAE
1. Rostellaria.
2. Pterocera (Duivels-

1. Strombus (Springende

klauw). slak).

PURPURACEAE

1. Cassis (Stormkap).
2. Harpa (Harpslak).
3. Dolium (Tonslak).
4. Terebra (Schroefslak).
5. Eburna.

1. Buccinum (Wulk).
2. Concholepas (Chilipurperslak).
3. Monoceros.
4. Purpura (Purperslak).
5. Nassa (Fuikhoorn).

COLUMBELLACEAE

1. Cancellaria (Tralieslak).
2. Marginella.
3. Columbella (Duifjesslak).

1. Mitra (Mijterslak).
2. Voluta (Plooihoren).

INVOLUTAE

1. Ancillaria.
2. Oliva (Olijfhoren).
3. Terebellum.

1. Ovula.
2. Cypraea (Porceleinhoorn).
3. Conus (Kegelhoorn).

III. CEPHALOPODA

A. *Schaal veelkamerig (bijna alle fossiel).*

LENTICULACEAE

1. Miliolites.
2. Gyrogonites.
3. Rotalites.
4. Numulites.

1. Renulites.
2. Discorbites.
3. Lenticulina.

LITUOLACEAE

1. Lituolites.

1. Orthoceras.

2. Spirolinites.
3. Spirula.

2. Hippurites.
3. Belemnites.

[191]
NAUTILACEAE
1. Baculites.
2. Turrilites.
3. Ammonoceratites.

1. Ammonites.
2. Orbulites.
3. Nautilus.

B. *Schaal met een kamer.*
ARGONAUTACEAE (*Levend*)
1. Argonauta (Papiernautilus).

1. Carinaria (Kielslak).

C. *Schaal ontbreekt.*
SEPIALEAE
1. Octopus (Achtarm, Kraak).
2. Loligo (Pijlinktvisch).

1. Sepia (Zeekat).

GEWERVELDE DIEREN

Deze hebben een wervelkolom, samengesteld uit een reeks van korte, met elkaar geledende beenderen. Deze kolom dient tot steun voor het lichaam, tot grondslag voor het geraamte, als koker voor het ruggemerg en eindigt van voren in een beenigen schedel die de hersenen bevat.

ORGANISATIE VAN DEN Vᴇɴ GRAAD
Zie Tabel I

(*Visschen en Kruipende dieren*)

KLASSE XI. PISCES (VISSCHEN)

Eierleggende, koudbloedige vertebraten, in het water levend en ademend door kieuwen. De huid beschubd of wel naakt en slijmig; voortbeweging door vliezige vinnen, gesteund door beenige of kraakbeenige graten.

Opmerkingen.

De bewerktuiging der visschen is veel volkomener dan die der weekdieren of der vorige klassen, aangezien zij voor 't eerst een wervelkolom vertoonen [192]met ruggemerg benevens een hersenschedel, den aanleg van een skelet, waaraan de spieren steun vinden.

Intusschen zijn hun ademhalingsorganen nog overeenkomstig aan die der week- en schaaldieren, rankpootigen en ringwormen; en nog evenmin als deze bezitten ze een stem of oogleden.

De algemeene lichaamsvorm is aangepast aan het zwemmen en heeft de symmetrie tusschen de gepaarde deelen behouden, die reeds bij de insecten werd aangevangen. Voorts geschiedt van nu af de geleding uitsluitend inwendig, tusschen de deelen van het geraamte.

N.B. Voor de overzichten van de gewervelde dieren heb ik gebruik gemaakt van M. DUMERIL, *Zoölogie Analitique*, waarbij ik mij slechts luttele wijzigingen in de rangschikking heb veroorloofd.

OVERZICHT VAN DE VISSCHEN

ORDE I. KRAAKBEENVISSCHEN

Wervelkolom zacht en kraakbeenachtig; geen talrijke, werkelijke ribben

1. *Geen kieuwdeksel, noch vlies over de kieuwen.*

TREMATOPNEA

Ademhaling door ronde gaten

I. TR. CYCLOSTOMATA (RONDBEKKEN)

1. Gastrobranchus (Lancetvischje).

1. Petromyzon (Lamprei of Prik).

II. TR. PLAGIOSTOMATA (DWARSBEKKEN)

1. Torpedo (Sidderrog).
2. Raja (Rog).
3. Rhinobatus (Halawi).

1. Squatina (Zeeëngel).
2. Squalus (Speerhaai).
3. Aodon (Zeeduivel).

[193]
2. *Geen kieuw-deksel maar een -vlies.*
Kieuwspleten op zijde in den hals; vier gepaarde vinnen.
III.
1. Batrachus (Paddevisch).
2. Lophius (Hoozemond).

1. Balistes (Hoornvisch).
2. Chimaera (Zeerat).

3. *Een kieuw-deksel maar geen membraan.*
ELEUTHEROPOMA
Vier gepaarde vinnen; bek onder de snuit.
IV.
1. Polyodon (Lepelsteur).
2. Pegasus (Zwempaardje).

1. Acipenser (Steur).

4. *Een kieuw-deksel en een vlies over de kieuwen.*
TELEOBRANCHIA
V. TEL. APHIOSTOMA
1. Macrorhynchus.
2. Solenostoma (Buismond).

1. Centriscus (Zeesnip).

VI. TEL. PLECOPTERA
1. Cyclopterus (Snotdolf).

1. Lepadogaster (Slakdolf).

VII. TEL. OSTEODERMA

1. Ostracion (Koffervisch).
2. Tetrodon (Viertand).
3. Ovoides.

1. Diodon (Egelvisch).
2. Sphaeroides (Ballonvisch).
3. Syngnathus (Zeenaald).

[194]

ORDE II. BEEN-VISSCHEN

Wervelkolom uit beenige, onbuigzame wervels bestaand.

1. Een kieuw-deksel en een vlies onder de kieuwen.

HOLOBRANCHIA

H. APODA. (VINLOOZEN)

Onderste gepaarde vinnen ontbreken.

VIII. HOL. PEROPTERA

1. Caecilia (= Sphagebranchus)
2. Monopterus.
3. Leptocephalus (Palinglarf).
4. Gymnotus (Sidderaal).
5. Trichiurus (Degenvisch).

1. Notopterus.
2. Ophisurus (Slangaal).
3. Apteronotus.
4. Regalecus (Riemvisch).

IX. HOL. PANTOPTERA

1. Muraena (Murena).
2. Ammodytes (Zandspiering).
3. Ophidium (Slangvisch).
4. Xiphias (Zwaardvisch).
5. Macrognathus.

1. Anarrhichas (Zeewolf).
2. Comephorus (Olievisch).
3. Stromateus (Dekenvisch).
4. Rhombus (= Peprilus, pompano).

H. HOL. JUGULARIA

Onderste gepaarde vinnen keelstandig voor de borstvinnen.

X. HOL. AUCHENOPTERA

1. Muraenoides (= Pholis, botervischje).
2. Calliomorus.
3. Uranoscopus (Sterrekijker).
4. Trachinus (Pieterman).
5. Gadus (Kabeljauwachtige).

1. Batrachoides (Sapo).
2. Blennius (Slijmvischje).
3. Oligopus.
4. Kurtus (Kuitkopvisch).
5. Chrysostomus.

H. HOL. THORACICA

Onderste gepaarde vinnen onder de borstvinnen gelegen.

XI. HOL. PETALOSOMA

1. Lepidopus (Kousebandvisch).
2. Cepola (Bandvisch).
3. Taenioides.

1. Bostrichthys.
2. Bostrichoides.
3. Gymnetra.

[195]

XII. HOL. PLECOPODA

1. Gobius (Grondel).

1. Gobioides (Barreto).

XIII. HOL. ELEUTHEROPODA

1. Gobiomorus (Guavina).
2. Gobiomoroides.

1. Echeneis (Koperzuiger).

XIV. HOL. ATRACTOSOMA

1. Scomber (Makreel).
2. Scomberoides (Springer).
3. Caranx (Marsbanker).
4. Trachinotus (Pampa-

1. Scomberomorus (= Cybium, Koningsvisch).
2. Gasterosteus (Stekelbaars).
3. Centropodus.
4. Centronotus.

no).
5. Caranxomorus (= Coryphaena).
6. Caesio.
7. Caesiomorus (= Trachinotus).
5. Lepisacanthus (= Naucrates, Loodsmannetje).
6. Histiophorus (Zwaardvisch).
7. Pomatomus (= Temnodon).

XV. HOL. LEIOPOMA

1. Hiatula (= Tautoga).
2. Coris.
3. Gomphosus.
4. Osphromenus (Goerami).
5. Trichopus.
6. Monodactylus (Spadevisch).
7. Plectorhynchus.
8. Pogonias (Trommelvisch).
9. Labrus (Lipvisch).

1. Cheilinus.
2. Cheilodipterus (Kardinaalsvisch).
3. Ophiocephalus (Slangekopvisch).
4. Hologymnotus.
5. Sparus (Booneknaap).
6. Dipterodon (= Apogon, Koning van de Mul).
7. Cheilio.
8. Mullus (Mul of barbeel).

XVI. HOL. OSTEOSTOMA

1. Scarus (Papegaaivisch).
2. Osteorhynchus.

1. Leiognathus.

XVII. HOL. LOPHIONOTA

1. Coryphaena (Goudmakreel).
2. Hemipteronotus.
3. Coryphaenoides.

1. Taenianotus.
2. Centrolophus (Zwartvisch).
3. Eques (Riddervisch).

[196]

XVIII. HOL. CEPHALOTA

1. Gobiesox (Schildvisch).
2. Aspidophorus (Harnasman).
3.

1. Aspidophoroides (Zeestroopertje).
2. Cottus (Knorhaan, donderpad).
3. Scorpaena (Drakenkop).

XIX. HOL. DACTYLEA

1. Dactylopterus (Vliegende poon).
2. Prionotus (Amerik. poon).

1. Trigla (Poon).
2. Peristedion (Pantserhaan).

XX. HOL. HETEROSOMA

1. Pleuronectes.

1. Achirus.

XXI. HOL. ACANTHOPOMA

1. Lutjanus (Snapper, corra).
2. Centropomus (Bima).
3. Bodianus (Poeroentjie).
4. Taenionotus.

1. Sciaena (Schaduwvisch).
2. Micropterus (Zwartbaars).
3. Holocentrus (Stekelvisch).
4. Perca (Baars).

XXII. HOL. LEPTOSOMA

1. Chaetodon (Borsteltandkoraalvisch).
2. Acanthinion (= Trachinotus).
3. Chaetodipterus (= Ephippus,
4. Oceancobbler).
5. Pomacentrus (Rifvisch).

1. Acanthurus (Chirurg).
2. Apisurus.
3. Acanthopus.
4. Selene (Ploegschaarvisch, palometon).
5. Argyreiosus (Moonfish).
6. Zeus (Zonnevisch).
7. Gallus (= Alectio, Zee-

209

6. Pomadasys (Burro).
7. Pomacanthus (Tjamba).
8. Holacanthus (Keizervisch).
9. Enoplos.
10. Glyphidodon (Catabalie).

haantje).
8. Chrysostomus.
9. Capros (Evervisch).

XXIII. HOL. SIPHONOSTOMA

1. Fistularia (Tabakspijp).
2. Aulostomus (Trompet).

1. Solenostoma (Pijpbekzeenaald).

[197]
XXIV. HOL. CYLINDROSOMA

1. Cobitis. (Modderkruipertje).
2. Misgurnus (Modderkruipertje).
3. Anableps (Vieroog).
4. Fundulus (Moddertandkarpertje).
5. Colubrinus.

1. Amia (Slijkvisch).
2. Butirinus (= Chanos,melkvisch).
3. Tripteronotus (= Coregonus).
4. Ompock.

XXV. HOL. HOPLOPHORA

1. Silurus (Meerval).
2. Macropteronotus.
3. Malapterurus (Siddermeerval).
4. Pimelodus (Congros barbosos).
5. Doras (Gekielde of trekmeerval).

1. Ageneiosus.
2. Macrorhamphosus (Snipvisch).
3. Centranodon.
4. Loricaria (Pantsermeerval).
5. Hypostomus (= Hemiancistrus).

6. Pogonathus (Pogonias).
7. Cataphractus.
8. Plotosus.

6. Corydoras (Gevlekte Pantsermeerval).
7. Tachysurus.

XXVI. HOL. DIMEREDA

1. Cirrhites.
2. Cheilodactylus.

1. Polynemus (Mango- of draadvisch).
2. Polydactylus (Barbudos).

XXVII. HOL. LEPIDOMA

1. Mugil (Harder).
2. Mugiloides.

1. Chanos.
2. Mugilomorus (Elops).

XXVIII. HOL. GYMNOPOMA

1. Argentina (Zilvervisch).
2. Atherina (Koornaarvisch).
3. Hydrargyra (Tandkarper).
4. Stolephorus (Zilveransjovis).
5. Buro (Amphacanthus).
6. Clupea (Haring).
7. Mystus.

1. Clupanodon (Sardine).
2. Serpa (= Gastropelecus, Bijlvisch).
3. Mene.
4. Dorsuarius (= Cyphosus, bocachito).
5. Xyster. (= Cyphosus, bocachito).
6. Cyprinus (Karpers).

XXIX. HOL. DERMOPTERA

1. Salmo (Zalm).
2. Osmerus (Spiering).
3. Coregonus (Houting).

1. Characinus.
2. Serrasalmo (Zaagbuikzalm).

[198]
XXX. HOL. SIAGONOTA

1. Elops (Tienponder).
2. Megalops (Tarpon).
3. Esox (Snoek).
4. Synodon (Synodus = hagedisvisch).
5.

1. Sphyraena (Pijlsnoek).
2.
3. Lepidosteus (Kaaimanvisch).
4. Polypterus (Snoeksteur).
5. Scombresox (Schipper).

2. *Een kieuw-deksel, maar zonder vlies.*
STERNOPTYGIA
XXXI.

1. Sternoptyx.

3. *Geen kieuwdeksel, wel een vlies.*
CRYPTOBRANCHIA
XXXII.

1. Mormyrus (Nijlvisch).

1. Stylephorus (Griffeldrager).

4. *Geen kieuw-deksel noch vlies; buikvinnen ontbreken.*
OPHICHTHYIA
XXXIII.

1. Unibranchus.
2. Sphagebranchus.

1. Muraenophis (= Muraena).
2. Gymnomuraena.

Opmerking.

Daar het skelet bij de visschen zich eerst aan het vormen is zijn de z.g. *kraakbeenvisschen* waarschijnlijk de onvolkomenste.

KLASSE XII. KRUIPENDE DIEREN

Eierleggende, koudbloedige vertebraten; ademhaling, tenminste in volwassen staat, door longen en onvolkomen. Huid naakt, beschubd of met een beenig pantser bedekt.

Opmerkingen.

Bij vergelijking met de visschen vindt men als merkwaardige vooruitgang in bewerktuiging hier [199]voor 't eerst *longen*, de meest volmaakte ademhalingsorganen, daar zij ook bij den mensch voorkomen. Maar dit stelsel bevindt zich nog slechts in de kinderschoenen en bij verscheidene reptielen ontbreekt het zelfs in de jeugd: hun respiratie is inderdaad nog onvolledig, daar slechts een deel van het bloed de longen passeert.

Ook ziet men bij hen voor 't eerst vier duidelijke ledematen die als aanhangselen van het skelet in het bouwplan der gewervelde dieren meedoen.

OVERZICHT VAN DE REPTILEN

ORDE I. REPTILIA BATRACHIA (TWEESLACHTIGEN)

Hart met een boezem; huid naakt; twee of vier pooten; in de jeugd kieuwademhaling; geen inwendige bevruchting.

URODELA (GESTAARTE AMPHIBIËN)

1. Siren (Voorpootsalamander).
2. Proteus (Olm).

1. Triton (Watersalamander).
2. Salamandra (Landsalamander).

ANURA. (STAARTLOOZE AMPH.)

1. Hyla (Boomkikvorsch).
2. Rana (Kikker).

1. Pipa (Surin. broedpad).
2. Bufo (Pad).

ORDE II. REPTILIA OPHIDIA (SLANGEN)

Hart met een boezem; lichaam verlengd, smal en zonder pooten of vinnen; geen oogleden.

HOMODERMA

1. Caecilia (Wormsalamander).
2. Amphisbaena (Wormhagedis).
3. Acrochordus.

1. Ophisaurus (Pantserslanghagedis).
2. Anguis (Hazelworm).
3. Hydrophis (Distira. zeeslang).

[200]
HETERODERMA

1. Crotalus (Ratelslang).
2. Scytalus.
3. Boa (Afgodslang).
4. Herpeton (Voelhoornslang).

1. Eryx.
2. Vipera (Adder).
3. Coluber (Gestreepte slang).
4. Platurus (Zeeslang).

ORDE III. REPTILIA SAURIA (HAGEDISACHTIGEN)

Hart met twee boezems; huid beschubd; vier pooten met nagels aan de vingers; tanden in de kaken.

TERETICAUDA

1. Chalcides (Koperslang).
2. Scincus (Woelhagedis).
3. Gecko.
4. Anolis.
5. Draco. (Vliegend draakje).

1. Agama.
2. Lacerta (Hagedis).
3. Iguana (Leguaan).
4. Stellio (Slingerstaart).
5. Chamaeleon (Kameleon).

PLANICAUDA

1. Uroplatus (Bladstaart ge-

1. Lophyrus (Lophura?).

cko).
2. Tupinambis (Salompenter).
3. Basiliscus.

2. Dracaena (Tejuhagedis).
3. Crocodilus (Krokodil).

ORDE IV. REPTILIA CHELONIA (SCHILDPADDEN)

Hart met twee boezems; lichaam met vier pooten en door een pantser bedekt; kaken zonder tanden.

1. Chelonia (Karetschildpad).
2. Chelys (Franjeschildpad).

1. Emys (Zoetwaterschildpad).
2. Testudo (Landschildpad).

ORGANISATIE VAN DEN VIEN GRAAD

Zie Tabel I

(Vogels en Zoogdieren)

KLASSE XIII. VOGELS

Zie Tabel I

Opmerkingen.

Voorzeker zijn de vogels beter bewerktuigd dan de reptielen of de overige vorige klassen, wegens hun [201]warme bloed, de twee hartkamers en doordat de hersenen de schedelholte vullen, welke eigenschappen ze slechts met de meest volkomen (laatste) klasse deelen.

Toch vormen klaarblijkelijk de vogels nog maar den vóórlaatsten trap van de scala der dieren, als zijnde minder volmaakt dan de zoogdieren door hun eier-leggen, het gemis van melkklieren, middenrif, blaas, enz. Ook bezitten ze minder bijzondere vermogens.

In de volgende tabel merke men op, dat de eerste vier orden vogels omvatten, wier jongen niet dadelijk na het uitkomen kunnen loopen of zich voeden, die van de laatste drie daarentegen wèl. Daarvan schijnt de 7e orde (*palmipedia*) mij weer het naast verwant met de eenvoudigste zoogdieren.

OVERZICHT VAN DE VOGELS

ORDE I. SCANSORES (KLIMVOGELS)

Twee teenen naar voren, twee naar achteren.

LEVIROSTRES

1. Psittacus (Papagaai).
2. Cacatus (Kakatoe).
3. Ara (Amazone papegaai).
4. Bucco (Baardkoekkoek).

1. Corythaix (Touraco, Helmvogel).
2. Trogon (Soeroekoe).
3. Musophaga (Banaaneter).
4. Ramphastos (Toekan).

CUNEIROSTRES

1. Picus (Specht).
2. Yunx (Draaihals).
3. Galbuna (Glansvogel).

1. Crotophaga (Sinonzo, madeneter).
2. Cuculus (Koekkoek).

ORDE II. ACCIPITRES (ROOFVOGELS)

Een teen naar achter: voorsten teenen volkomen vrij; snavel en klauwen gekromd.

UILEN

1. Strix (Kerkuil).
2. Bubo (Ooruil).

1. Surnia (Sperweruil).

[202]

GIEREN

1. Sarcoramphus (Condor).   1. Vultur (Gier).

DAGROOFVOGELS
1. Gryptus.   1. Buteo (Buizerd).
2. Serpentarius (Secretaris).   2. Astur (Havik).
3. Aquila (Arend).   3. Falco (Valk).

ORDE III. PASSERES (ZANGVOGELS)

Een teen naar achter; de beide buitenste van voren verbonden; beenen van middelmatige langte.

PAS. CRENIROSTRES
1. Tanagra.   1. Cotinga.
2. Lanius (Klauwier).   2. Turdus (Lijster).
3. Muscicapa (Vliegenvangertje).

PAS. DENTIROSTRES
1. Buceros (Neushoornvogel).   1. Phytotoma.
2. Momotus (Zaagbekscharrelaar).

PAS. PLENIROSTRES
1. Gracula (Bo).   1. Corvus (Kraai, raaf).
2. Paradisea (Paradijsvogel).   2. Pica (Ekster).
3. Coracias (Scharrelaar).

PAS. CONIROSTRES
1. Buphaga (Buffelpikker).   1. Crucirostra (Kruisbek).
2. Claucopis (Ellea).
3. Trupialis.   2. Ioxia. (Kruisbek).
4. Gacicus ("Voorhoofdsvo-   3. Colius. (Muisvogel).

gel")
5. Sturnus (Spreeuw).

4. Passer (Musch).
5. Emberiza (Gors).

PAS. SUBULIROSTRES
1. Pipra.
2. Parus (Mees).

1. Alauda (Leeuwerik).
2. Motacilla (Kwikstaart).

PAS. PLANIROSTRES
1. Apus (Gierzwaluw).
2. Hirundo (Zwaluw).

1. Caprimulgus (Geitenmelker).

[203]
PAS. TENUIROSTRES
1. Alcedo (IJsvogel).
2. Todus (Platsnavel).
3. Sitta (Boomklever).
4. Orthorincus.

1. Merops (Bijeneter).
2. Trochilus (Kolibri).
3. Certhia (Boomkruiper).
4. Upupa (Hop).

ORDE IV. COLUMBINAE (DUIVEN)

Snavel week, buigzaam, aan den wortel afgeplat; neusgaten door een washuid bedekt; goede vliegers; legsel van twee eieren.

1. Columba (Duif).

ORDE V. GALLINAE (HOENDERVOGELS)

Snavel hard en hoornachtig, aan den wortel afgerond; legsel van meer dan twee eieren

GAL. ALECTRIDAE

1. Otis (Trapgans).
2. Pavo (Pauw).

1. Numida (Parelhoen).
2. Crax (Hokko).

3. Tetrao (Korhoen).
4. Phasianus (Fasant).

3. Penelope (Sjakoehoen).
4. Meleagris (Kalkoen).

GAL. BRACHYPTERIDAE

1. Didus (Dodo).
2. Casuarius (Kasuaris).

1. Rhea (Am. nandoe.)
2. Struthio (Struis).

ORDE VI. GRALLAE (WAAD- OF STRANDVOGELS)

Loop zeer lang, tot den scheen onbevederd; buitenste teenen aan hun basis vergroeid.

GR. PRESSIROSTRES

1. Parra (Jassana).
2. Rallus (Waterral).
3. Haematopus (Scholekster).

1. Gallinula (Waterhoen).
2. Fulica (Meerkoet).

GR. CULTRIROSTRES

1. Hians.
2. Ardea (Reiger).
3. Ciconia (Ooievaar).

1. Grus (Kraanvogel).
2. Mycteria (Reuzen oojevaar)
3. Tantalus (Nimmerzat).

[204]

GR. TENUIROSTRES

1. Avocetta (Kluit).
2. Numenius (Wulp).
3. Scolopax (Houtsnip).

1. Vanellus (Kievit).
2. Charadrius (Pluvier).

GR. LATIROSTRES

1. Cancroma (Lepelbekreiger, Schoensnavel).

1. Phaenicopterus (Fla-

2. Platalea (Lepelaar). mingo).

ORDE VII. PALMIPEDES (ZWEMVOETIGEN)

Teenen door breede vliezen verbonden; loop vrij kort (watervogels).

PALM. PINNIPEDES

1. Plotus (Slanghalsvogel).
2. Phaeton (Keerkringvogel).
3. Sula (Gent).

1. Fregata (Fregatvogel).
2. Phalacrocorax (Aalscholver).
3. Pelecanus (Pelikaan).

PALM. SERRIROSTRES

1. Mergus (Zaagbek).
2. Anas (Eend).

1. Phaenicopterus (Flamingo).12

PALM. LONGIPENNAE

1. Larus (Meeuw).
2. Diomedea (Albatros).
3. Procellaria (Stormvogel).

1. Recurvirostra (Kluit).
2. Sterna (Zeezwaluw).
3. Rhynchops (Schaarbek).

PALM. BREVIPENNAE

1. Colymbus (Fuut).
2. Uria (Zeekoet).
3. Alca (Alk).

1. Spheniscus (Pinguin).
2. Aptenodytes (Pinguin).

MONOTREMATA

Tusschenvormen tusschen vogels en zoogdieren. Viervoetig, zonder melkklieren, zonder tanden in kassen, zonder lippen en met een enkele opening voor geslachtsproducten, faeces en urine. Lichaam bedekt met haren en stekels.

1. Ornithorhynchus (Vogelbekdier).
1. Echidna (Mierenegel).

N.B. Van deze dieren is reeds gesproken in hoofdstuk VI, p. 80 alwaar is opgemerkt, dat het noch reptielen, noch vogels, noch zoogdieren zijn.

KLASSE XIV. DE ZOOGDIEREN

(Zie Tabel I)

Opmerkingen.

In de natuurlijke Orde, die zoo kennelijk van het eenvoudigere tot het meer samengestelde voortschrijdt vormen de zoogdieren noodwendig de laatste klasse van het dierenrijk, wier leden het meest volkomen ontwikkeld, het meest vermogend, het verstandigst, kortom het allerbest bewerktuigd zijn. Van deze dieren, die het dichtst bij den mensch staan, vormen de zintuigen een meer volkomen geheel met de functies dan bij alle andere. Zij alleen zijn werkelijk levendbarend en geven hun jongen de borst.

Zoo bereikt dan de dierlijke bewerktuiging in de Zoogdieren haar hoogtepunt van volmaking, en daardoor ook het aantal functies. Zij moeten dus aan het einde komen van de geweldige reeks der bestaande dieren.

OVERZICHT VAN DE ZOOGDIEREN

ORDE I. MAMMALIA EXUNGULATA (NAGELLOOZEN)

Slechts twee ledematen, n.l. de voorste; deze kort, afgeplat, geschikt tot zwemmen en zonder nagels of hoeven.

CETACEA

1. Balaena (Walvisch).
2. Balaenoptera (Vin-

1. Monodon (Narwal).
2. Hyperoodon (Bottlenose).

visch).
3. Physalus.
4. Catodon. (Potvisch).
5. Physeter. (Potvisch).

3. Delphinapterus (Beluga of Witte walvisch).
4. Delphinus (Dolfijn).

[206]

ORDE II. MAMMALIA AMPHIBIA (KUSTBEWONERS)

De twee voorste ledematen kort, vinachtig, met klauwtjes aan de vingers; de achterste achterwaarts gericht of vergroeid met het achterdeel van het lichaam, dat den vorm van een vischstaart heeft (†)

1. Phoca (Zeehond).
2. Trichechus (Walrus).

1. Halicore (Dugong).
2. Manatus (Lamantijn).

Opmerking.
Deze orde is hier slechts geplaatst wegens den algemeenen lichaamsvorm der betreffende dieren. *Zie* de opm. op p. 79.

ORDE III. MAM. UNGULATA (HOEFDIEREN)

De vier ledematen zijn slechts geschikt tot loopen; de vingers zijn aan het uiteinde geheel van een hoornen "hoef" omgeven.

SOLIPEDES (EENHOEVIGEN)

1. Equus (Paarden).

RUMINANTIA (HERKAUWERS)

1. Bos (Rund).
2. Antilope.
3. Capra (Geit).
4. Ovis (Schaap).

1. Cervus (Hert).
2. Camelopardalis (Giraffe).
3. Camelus (Kameelen).
4. Moschus (Muskusos).

PACHYDERMA (DIKHUIDIGEN)

1. Rhinoceros (Neushoorn).
2. Hyrax (Klipdas).
3. Tapir.

1. Sus (Zwijn).
2. Elephas (Oliphant).
3. Hippopotamus (Nijlpaard).

ORDE IV. MAM. UNGUICULATA (GENAGELDEN)

Toegespitste of afgeplatte, vrije nagels aan de vier ledematen.

TARDIGRADA

1. Bradypus (Luiaard).

[207]

EDENTATA (TANDELOOZEN)

1. Myrmecophaga (Miereneter).
2. Manis (Schubdier).

1. Orycteropus (Aardvarken).
2. Dasypus (Gordeldier).

RODENTIA (KNAAGDIEREN)

1. Halmaturus (Kangeroo).
2. Lepus (Hazen).
3. Coendu (Boomstekelvarken)
4. Hystrix (Stekelvarken).
5. Chiromys (Vingerdier).
6. Phascolomys (Wombat).
7. Hydromys (Australische beverrat).
8. Castor (Bever).
9. Cavia (Guineesch biggetje).

1. Aspalax (Blindmuis).
2. Sciurus (Eekhoorn).
3. Myoxus (Zevenslaper).
4. Cricetus (Hamster).
5. Arctomys (Marmot).
6. Arvicola (Veldmuis).
7. Ondatra (Fiber Bisamrat).
8. Rattus (Rat).

PEDIMANA (BUIDELDIEREN P. P.)

1. Didelphis (Buidelrat, Opossum).
2. Perameles (Buideldas).
3. Dasyurus (Buidelmarter).

1. Wombatus13.
2. Phalanger (Koeskoes).
3. Phalangista.

PLANTIGRADA (ZOOLTREDERS)

1. Talpa (Mol).
2. Sorex (Spitsmuis).
3. Ursus (Beer).
4. Cercoleptes (Kinkajoe).

1. Taxus (Das).
2. Nausa (Coati, neusbeer).
3. Erinaceus (Egel).
4. Centetes (Borstelegel).

DIGITIGRADA (TEENGANGERS)

1. Lutra (Otter).
2. Mungos (Ichneumon).
3. Mephitis (Stinkdier).
4. Mustela (Marter).

1. Felis (Katten).
2. Civetta (Civetkat).
3. Hyaena.
4. Canis (Hond etc.)

CHIROPTERA (VLEERMUIZEN)

1. Galeopithecus (Vliegende Maki).
2. Rhinolophus (Hoefijzerv- leermuis).
3. Phyllostoma (Bladneus).

1. Noctilio (Visschende vleermuis).
2. Vespertilio (Gew. Vleermuis).
3. Pteropus (Kalong of vliegende hond).

[208]

QUADRUMANA (VIERHANDIGEN)

1. Galago.
2. Tarsius (Spookdiertje).
3. Stenops (Slanklori).
4. Lemur (Maki).
5. Lichanotus (Wolmaki).

1. Papio (Baviaan).
2. Callithrix (Penseelaapje).
3. Cebus (Capucijneraapje).
4. Cynocephalus (= Papio)
5. Pongo (Menschapen14)

6. Cercopithecus (Meerkat).
6. Pithecus. (Menschapen14)

Opmerking.

Volgens de hier toegepaste ordening omvat dus de familie der quadrumana de meest volkomen bekende dieren, vooral de laatste genera daarvan, zoodat het geslacht *Pithecus* de geheele reeks beëindigt, gelijk *Monas* haar aanvangt. Welk een verschil in bewerktuiging en eigenschappen tusschen die twee genera!

De natuurkundigen, die den mensch uitsluitend naar zijne lichamelijke organisatie beschouwd hebben, hebben voor hem een afzonderlijk geslacht gevormd met zes variëteiten, hetwelk op zich zelf een familie uitmaakt, op de volgende wijze gekarakteriseerd.

BIMANA (TWEEHANDIGEN)

Zoogdieren met gedifferencieerde ledematen, met nagels voorzien, waarvan alleen bij de hand de duim tegenoverstelbaar is.

HOMO

Variteiten:

1. Kaukasier.
2. Hyperboreer.
3. Mongool
4. Americaan.
5. Maleier.
6. Aethiopier of Neger

Men heeft aan deze familie den naam *tweehandigen* gegeven, omdat inderdaad alleen de handen van den mensch een opponeerbaren duim hebben, [209]terwijl daarentegen bij de *vierhandigen* ook de duim van den voet dezelfde eigenschap heeft.

Eenige opmerkingen betreffende den mensch

Indien de mensch slechts in lichamelijke bewerktuiging van de dieren verschilde, zou men gemakkelijk kunnen aantoonen, dat zijn speciale eigenschappen alle het gevolg zijn van vroegere veranderingen in handelingen en gewoonten, die aan zijn geslacht eigen zijn geworden.

Indien dan ook door den nood der omstandigheden gedwongen een of ander ras van *quadrumanen* — bij voorkeur het hoogststaande — de klim-gewoonte op de boomen verloor en daarbij het vastklemmen der takken met handen en voeten; en indien het vele generaties lang gedwongen ware om slechts op voeten te loopen, zoo zouden ongetwijfeld — volgens onze beschouwingen in het vorige hoofdstuk — deze vier- tot *twee-handigen* omgevormd worden en de groote teenen niet langer van de overige af-staan, aangezien ze nog slechts tot loopen zouden dienen.

Indien voorts de leden van datzelfde ras, door de behoefte om boven hun omgeving uit te steken en te zien, zich inspanden om rechtop te gaan en dit van geslacht op geslacht tot gewoonte maakten, zoo zouden zonder twijfel hun voeten zoetjes aan een voor de opgeheven houding geschikte gestalte aannemen; de kuiten zouden zich aan de beenen ontwikkelen, zoodat ten slotte die dieren nog slechts met moeite op handen en voeten zouden kunnen gaan.

Als ten slotte diezelfde individuen niet langer hun kaken als bijt-, scheur-, of grijp-wapens gebruikten of als tang om kruiden af te plukken, en de functie zich dus bepaalde tot het eigenlijke kauwen, dan zou ongetwijfeld hun gelaatshoek meer open worden,[210] — door het verkorten van de snuit tot verdwijnens toe — waarbij dan de snijtanden een verticalen stand zouden erlangen.

Veronderstellen we eens dat zeker ras van *quadrumanen*, als zijnde het verst voortgeschreden, door standvastige gewoonten de zoo juist beschreven gestalte en het vermogen tot opgerichte houding zou verkregen hebben, en zich gaandeweg boven de andere dieren had weten te verheffen, dan zal men begrijpen:

1e. Dat 't meer geavanceerde ras door zijn heerschende positie zich van alle geschikte plaatsen op de aardoppervlakte zal hebben meester gemaakt.

2e. Dat het andere voortreffelijke rassen, die het de aardsche goederen betwistten, daarvandaan gejaagd zal hebben en hen gedwongen zal hebben zich naar onbewoonde streken terug te trekken.

3e. Dat het door het onderdrukken van die naast-verwante rassen, die in de bosschen en andere verlaten streken verbannen bleven, hun ontwikkeling geknot zal hebben, terwijl het zèlf, in onbelemmerde voortteling en verbreiding tot volkrijke stammen zich van lieverlede nieuwe behoeften zal geschapen hebben, die zijn vernuft zullen hebben geprikkeld en gaandeweg vermogens en eigenschappen hebben vervolmaakt.

4e. Dat tenslotte die uitnemende soort, door het verkrijgen van een volstrekte heerschappij over de andere, erin zal geslaagd zijn om tusschen zichzelf en de hoogste dieren een verschil, ja, een aanmerkelijke klove te bewerkstelligen.

Zoo kan het meest volkomen ras der vierhandigen overheerschend geworden zijn, door zijn gewoonten te wijzigen als gevolg van de gewonnen absolute overmacht over de andere en van nieuw-ontstane behoeften; het kan daardoor bij voortduring veranderingen erlangd hebben in de eigen organisatie [211]en nieuwe, talrijke eigenschappen; de naast-ontwikkelde overige rassen op hun eigen peil ondergehouden hebben; en tusschen hen en zichzelf belangrijke onderscheiden teweeggebracht hebben.

De CHIMPANSEE (*Simia troglodytes* L.) is het hoogst-ontwikkeld van alle dieren, veel hooger dan de orang-oetan (*Simia satyrus* L.). Niettemin zijn ze beide zoowel lichamelijk als verstandelijk veel lager georganiseerd dan de mensch.15 Ze richten zich nogal eens op de achterpooten op, maar daar ze van deze houding geen vaste gewoonte gemaakt hebben, is hun lichaam er niet voldoende door gewijzigd, zoodat de *staande* houding hun zeer moeilijk valt.

Uit verhalen van reizigers weet men, dat als een dreigend gevaar den orang op de vlucht drijft, hij fluks op vier pooten terug valt. Dat verraadt, naar men zegt, de ware afkomst van dit dier, genoodzaakt als het is om die hem vreemde, gedwongen houding prijs te geven. — Dat is ongetwijfeld waar, aangezien het dier er bij het gaan minder gebruik van maakt en het lichaam er daardoor minder is aan-gepast. Maar al moge die *staande* houding dan voor den mensch gemakkelijker zijn, is zij voor hem dan geheel en al de natuurlijke?

Ofschoon de mensch door de geslachten-lang volgehouden gewoonten slechts rechtop kan gaan, zoo is die stand niettemin voor hem een vermoeiende, die slechts beperkten tijd kan worden volgehouden door de werking van talrijke spieren.

Indien de wervelkolom van het menschelijke lichaam de *as* ware, en hoofd en overige deelen in evenwicht hield, zoo ware een staande mensch in rust-stand. Naar bekend is dit intusschen niet het geval. Het hoofd wordt volstrekt niet in het zwaartepunt ondersteund; borst en buik met hunne ingewanden [212]rusten bijna geheel op het voorste deel van de wervelkolom en deze steunt op een scheeve basis, enz. Zooals dan ook *Richerand* uiteenzet is er bij het staan voortdurend een actieve kracht noodig om het dreigende vallen te voorkomen, door gewicht en plaatsing der lichaamsdeelen.

Dezelfde geleerde vervolgt aldus: "Het relative gewicht van hoofd en ingewand trachten de zwaartelijn van het heele lichaam naar voren te brengen, welke lijn precies loodrecht op het steunpunt moest staan bij een zuiver evenwichtigen stand. Dit wordt door het volgende bevestigd: ik heb opgemerkt, dat kinderen met groot hoofd en dikken buik door het vele ingewandsvet zich moeilijk aan de opgerichte houding wennen. Pas tegen het einde van hun tweede jaar durven zij zich op eigen krachten te verlaten; nochtans loopen ze herhaaldelijk gevaar te vallen en behouden een natuurlijke neiging naar den toestand van viervoeter terug." *Physiologie*, vol II, p. 268.

Deze verhouding der deelen, die het staan voor den mensch tot een werkzame, vermoeiende inplaats van tot een rustige houding maakt zou dus zijn overeenstemmende afkomst met de overige zoogdieren verraden, indien we uitsluitend op zijn organisatie letten.

Om nu de in den aanvang geuite onderstelling geheel te vervolgen, moeten we er de volgende beschouwingen aan vastknoopen:

Na de vermeestering van alle bewoonbare plaatsen en een aanzienlijke vermeerdering van behoeften, evenredig met de toename van bevolking hebben de leden van vorengenoemd, overheerschend ras evenzeer een rijker wereld van gedachten moeten krijgen en daardoor de behoefte, deze aan elkaar mede te deelen. Daaruit zal voor hen vanzelf de noodzaak zijn voortgevloeid, om in de zelfde mate [213]hun *teekens* en gebaren te vermeerderen en te varieeren.

Klaarblijkelijk zullen zij daarop al hun best gedaan hebben en alle beschikbare middelen hebben aangewend.

Anders is het met de overige dieren gesteld. Want ofschoon de hoogst-ontwikkelden onder hen, zooals de *vierhandigen* meerendeels in troepen leven, zoo is, sinds de machtige opkomst van het genoemde ras, hun voortgang gestokt, daar zij overal vandaan verjaagd werden en verdreven naar wilde en verlaten streken, waar ze telkens weer ellendiglijk verontrust en van de eene schuilplaats naar de andere gejaagd werden. In zulke omstandigheden krijgt een dier geen versche behoeften, vormt zich geen nieuwe voorstellingen; en van de weinige, waardoor het beziggehouden wordt, behoeven er slechts luttele aan de anderen te worden meegedeeld. (†) Om elkaar te verstaan hebben zij dus genoeg aan een paar *teekens*, eenige bewegingen, wat gefluit en kreten, door eenvoudige stembuigingen gevarieerd.

Aan den anderen kant zullen de leden van het overheerschende ras door de behoefte aan meer *teekens* om elkaar snel hun wassenden gedachtenvloed mee te deelen, en onbevredigd met gebarenspel of de beschikbare stem-buigingen, na verschillende pogingen gekomen zijn tot het vormen van *gearticuleerde klanken*. Aanvankelijk zullen zij die slechts in kleinen getale ter beschikking gehad hebben, samen-stemmende met hun geluidsorgaan; maar allengs meerdere, gewijzigd en verbeterd naar gelang hun behoeften toenamen en zij zich er meer voor inspanden. Inderdaad zal de voortdurende oefening van keel, tong en lippen om de klanken te articuleeren dat vermogen bij uitstek ontwikkeld hebben.

Vandaar voor dat bijzondere ras het bewonderenswaardige *spraak*-vermogen. En daar voorts de overeengekomen [214]gebaren van zekere beteekenis vervielen, door de groote afstanden, waarover de individuen zich verspreidden, ontstonden van lieverlede ook de—zich differencieerende—talen.

Zoo zullen hier de behoeften ten slotte alles teweeggebracht hebben, zij zullen de inspanning hebben opgewekt en door het voortdurend gebruik zullen de spraakorganen zich hebben ontwikkeld.

Zulke overwegingen zouden wij kunnen koesteren indien dat bewuste ras: de mensch, louter in organisatie van de dieren verschilde en niet van een andere afkomst ware.

Noot van den vertaler. De diagnosen der VI "graden van organisatie", zooals die in tabel I (pag. 159 sqq.) is gegeven, worden in het origineel bij de afzonderlijke bespreking dezer groepen nog eens herhaald. In deze vertaling is echter volstaan met een verwijzing. Voorts ben ik mij zeer wel bewust van de leemten in de tweetalige weergave der genera-lijsten in dit hoofdstuk.

J.M. [215]

1 Aldus afgekort ter vermijding van herhalingen (Vert.)

2 Bryozoa + Hydroida.

3 Een synasceidie.

4 Een kalkwier.

5 Een Bryozoon (vert.)

6 Een Tunicaat (vert.)

7 Een Gephyree (vert.)

8 Ten einde de voortbewegings-organen te verbeteren bestond de behoefte om het stelsel van gelede, sceletlooze pooten te verlaten ten gunste van dat met vier knokige ledematen, 't welk de allerhoogste dieren characteriseert. Dit nu heeft de natuur bij de anneliden en mollusken a.h.w. voorbereid, om eerst bij de visschen het typische bouwplan der gewervelde dieren aan te vangen. Zoo zijn bij de ringwormen de gelede pooten verlaten en bij de weekdieren daarenboven de ganglieketen.

9 Parasitische copepoden op visschen levende;

10 weekdieren (slangenslak en olifantstand, vert.)

11 Manteldieren, (vert.)

12 Komt tweemaal voor! (vert).

13 Identiek met Phascolomys (vert.)

14 Blijkbaar heerscht reeds bij Lamarck verwarring in de nomenclatuur der anthropoiden.

15 Zie eenige waarnemingen over den CHIMPANSEE in mijne *Recherches sur les corps vivans*, p. 136.

Toevoegingen aan Hoofdstuk VII en VIII

In het laatst van Juni 1809 ontving de menagerie van het Museum voor Natuurlijke Historie een gewonen zeehond, *Phoco vitulina* die levend van Boulogne gezonden was, en had ik de gelegenheid, de bewegingen en gewoonten van dit dier waar te nemen. Sindsdien ben ik nog sterker overtuigd, dat dit kustdier1 met de genagelde zoogdieren nader verwant is dan met alle andere, ondanks de groote verschillen in algemeenen vorm.

Zijn achterpooten, ofschoon evenals de voorpooten zeer kort, zijn zeer vrij-beweeglijk en gescheiden van den kleinen maar duidelijken staart. Zelfs kunnen er voorwerpen mee gegrepen worden als met echte handen. — Ik heb opgemerkt, dat dit dier naar believen de voeten samenvoegt — zooals wij onze handen — en dan door het uitspreiden der teenen met hun zwemvliezen een vrij breede spatel vormt om ermee te zwemmen, evenals de visschen met hun staartvin.

Op het land beweegt zich deze zeehond tamelijk snel door een golvende beweging van het lichaam, zonder eenige hulp van de achterpooten, die werkeloos uitgestrekt blijven. Daarbij dienen hem de voorpooten slechts (tot de polsen) tot steun, zonder speciaal gebruik van de handen. Hij grijpt z'n prooi òf met de voeten òf met den bek; en ofschoon de handen soms tepas komen bij het stukknauwen van den buit schijnen zij toch in de eerste plaats bij het zwemmen dienst te doen. Ook heb ik bemerkt, dat hij de neusgaten gemakkelijk en volledig kan sluiten, hetgeen [216]hem zeer ter stade komt bij het duiken, daar het dier dikwijls vrij lang achtereen onder water verblijft waar het zelfs op zijn gemak voedsel gebruikt.

Ik zal dezen zeer bekenden zeehond niet verder beschrijven. De bedoeling was alleen om op te merken, dat de tweeslachtige zoogdieren in het verlengde van de lichaamsas geplaatste achterpooten hebben omdat zij voortdurend gedwongen zijn deze, vereenigd, bij wijze van staartvin te gebruiken onder uitspreiden van de teenen. Zoo kunnen ze deze kunstmatige vin naar rechts en links uitslaan en hun voortbeweging bespoedigen of wijzigen. — Het zou bij die achterwaartsche richting niet gebleven zijn van de zeehond-voeten:

zij zouden geheel met elkaar vergroeid zijn, gelijk die der *zeekoeien*, als zij niet zoo vaak gebruikt werden tot het grijpen en wegvoeren van de prooi (†). Want de daarbij vereischte bijzondere bewegingen veroorloven aan de voeten geen duurzame, maar slechts een tijdelijke vereeniging. Bij de zeekoeien daarentegen, die zich gewend hebben aan een voeding met ondergedoken oeverplanten en hun vereenigde voeten uitsluitend bij wijze van staartvin gebruiken, zijn in de meeste gevallen de achterpooten onderling en met den staart geheel versmolten (†).

Ziehier dus bij dieren van overeenkomstigen oorsprong een nieuw bewijs voor den invloed van gewoonten op vorm en toestand der organen, 't welk ik toevoeg aan alle vroeger genoemde in hoofdstuk VII van dit werk.

Ik zou er nog een ander, zeer treffend bewijs bij kunnen voegen met betrekking tot de zoogdieren, voor welke het vliegvermogen iets zeer vreemds schijnt te zijn. Ik zal aantoonen, hoe vanaf de vèrspringers onder hen tot de goede vliegers de natuur geleidelijk de huid van deze dieren heeft uitgebreid, [217]hetgeen hen ten slotte in staat stelde te vliegen, even goed als de vogels, zonder daarmede intusschen nader verwant te zijn.

Zoo kunnen de vliegende eekhoorns (*Sciurus volans, aerobates, petaurista, sagitta, volucella*) slechts een zeer langen sprong maken als zij zich van een boom laten vallen of van den eenen naar den anderen springen over een matigen afstand; zij hebben eerst sinds betrekkelijk korten tijd de gewoonte om hun ledematen bij het springen uit te strekken, aldus een soort *parachute* vormend. Door veelvuldig herhalen van dergelijke sprongen is bij deze soorten de huid in de flanken beiderzijds uitgedijd tot een soepele membraan die de voor- met de achterpooten vereenigt en door een groote luchtmassa te bestrijken een plotselingen val voorkomt. Deze dieren hebben nog geen huid tusschen de vingers.

Bij *Galeopithecus*, de vliegende maki, — wiens vlieggewoonte ongetwijfeld van nog vroeger datum dateert dan van *Pteromys* Geof. — is het valscherm nog meer ontwikkeld, niet alleen tusschen de pooten onderling maar ook tusschen de vingers en voorts den staart met de achterpooten vereenigende. De sprongen, grooter dan bij de bovengenoemde soorten, naderen dan ook het echte vliegen.

Waarschijnlijk nog veel ouder dan de *vliegende maki's* zijn de verschillende *vleermuizen* in de gewoonte om hun ledematen en zelfs hun vingers uit te strekken tot het bestrijken van een groote hoeveelheid lucht, waarop zij gedragen worden bij het fladderen. Door die reeds zoo lang geleden aangenomen en volgehouden gewoonten hebben zij niet alleen een zijdelingsche vlieghuid gekregen, maar ook, in voortzetting daarvan, eenerzijds flinke vliezen tusschen de buitengewoon verlengde vingers (den duim uitgezonderd), anderzijds tusschen de staart en achterpooten, al welke tezamen groote [218]vlerken vormen, uitstekend tot vliegen geschikt.

Zoo groot is dus de macht der *gewoonten*, dat zij een merkwaardigen invloed hebben op den vorm der deelen, en aan de betreffende dieren vermogens geven, ontbrekende bij dieren met andere gewoonten.

Aan de bespreking der *kust-zoogdieren* behaagt het mij hier de volgende beschouwingen vast te knoopen, die door al mijn waarnemingen meer en meer bevestigd worden. — Ik twijfel geenszins, of de *zoogdieren* zijn oorspronkelijk werkelijk uit het water afkomstig, hetwelk de ware wieg is van het heele dierenrijk. Inderdaad ziet men thans nog de lagere (d.z. de talrijkste) dieren uitsluitend in het water leven, zoodat waarschijnlijk alleen dààr, althans op zeer vochtige plaatsen onder gunstige omstandigheden de natuur langs directen weg (generatio spontanea) de meesteenvoudige georganiseerde diertjes heeft voortgebracht, waaruit dan achtereenvolgens alle andere zijn voortgekomen. Zoo wonen, gelijk bekend, de *infusoren*, *polypen* en *straaldieren* zonder uitzondering in het water en de *wormen* althans niet buiten zeer vochtig terrein.

Wat nu betreft de *wormen*, die één aanvangssloot schijnen te vormen van den dierenstam, — zooals klaarblijkelijk de *infusoren* de andere — zoo hebben zich waarschijnlijk de uitsluitende waterbewoners onder hen (d.w.z. de niet-parasitische vormen, zooals *Gordius* en verscheidene nog onbekende) aldaar zeer gedifferencieerd; en diegene, die zich aan de lucht zijn gaan blootstellen, hebben naar allen schijn de amphibische insecten voortgebracht, zooals *Culex*, *Ephemera*, enz. enz. (†), waaruit voorts dan weer de overige, echte lucht-insecten zouden zijn ontstaan (†). Maar verscheidene soorten van deze laatste hebben, door in overeenstemming met de omstandigheden hun gewoonten te veranderen tot een [219]eenzame of verborgen levenswijs, het aanzijn gegeven aan de *spinachtige dieren*, welke bijna alle een lucht-leven leiden (†).

Diegene van de *arachniden* ten slotte, die zich meer en meer aan een water-leven gewend hebben, en de atmospherische lucht ten slotte geheel hebben vaarwel gezegd — hetgeen voldoende bewezen wordt door de verwantschap van de *duizend-* met de *millioenpooten*, van deze met de *land-pissebedden*, en van deze weer langs *waterpissebed* met de *garnalen*, etc. — zij hebben het aanzijn gegeven aan het heele rijk der *schaaldieren* (†).

De overige water-wormen, die hun element nooit verlaten en wier mettertijd veelvuldiger en meer verschillend geworden soorten overeenkomstig zijn vooruitgegaan in de samenstelling van hun organisatie, hebben geleid tot de vorming der *anneliden*, *cirrhipediën* en *mollusken*, welke tezamen een ononderbroken reeks vormen in de dierenscala. (†)

Ondanks de aanzienlijke *gaping*, die wij bevinden tusschen de bekende *weekdieren* en de visschen, zoo zijn toch uit eerstgenoemde — door tusschenkomst van voorshands nog onbekende vormen — de *visschen* gesproten en uit deze weer de *kruipende dieren*.

Als wij zoo voortgaan, den mogelijken oorsprong der verschillende dieren te overwegen, dan twijfelen we niet of de *reptielen* hebben in twee verschillende takken, — door de omstandigheden bedongen, — eenerzijds het aanzijn gegeven aan de vogels, anderzijds aan de *amphibische zoogdieren* en deze op hun beurt aan alle overige *mammaliën* (†).

Daar n.l. de uit visschen ontstane tweeslachtige reptielen (*Batrachia*) en de hieruit weer voortgekomen *slangen* allebei slechts één hartboezem hebben, zoo heeft de natuur gemakkelijk den boezem der andere kruipende dieren kunnen verdubbelen, welke twee afzonderlijke takken vormen; bij de aanvangsleden [220]daarvan was vervolgens ook de hartkamer gemakkelijk dubbel te maken.

Zoo schijnen dan onder de reptielen met dubbelen boezem de *schildpadden* het aanzijn gegeven te hebben aan de *vogels* (†). Want afgescheiden nog van eenige andere onmiskenbare trekken van verwantschap ziet men welhaast geen wezenlijk verschil in algemeen voorkomen wanneer men een schildpaddekop op het lichaam van bepaalde vogels zet. Anderzijds schijnen de hagedisachtigen (*Sauria*) vooral de platstaartige, zooals de *crocodillen*, de *amphibische zoogdieren* te hebben voortgebracht (†).

Indien uit de *schildpadden* de vogels voortgekomen zijn zoo mag men voorts veronderstellen dat van de zwemvoetige watervogels, vooral de kortvleugelige daaronder, zooals de *pinguins* en *vetganzen*, de *kloaakdieren* zijn afgestamd (†).

Als ten slotte uit den tak der *hagedisachtigen* werkelijk de *kustzoogdieren* zijn gesproten, dan geldt dit naar alle waarschijnlijkheid ook voor alle overige zoogdieren. Niet zonder reden geloof ik dus, dat oorspronkelijk de landzoogdieren geboren zijn uit door ons dusgenoemde *amphibische* zoogdieren (†). Want waar deze zich, door op den duur verschillende gewoonten aan te nemen, in drie takken gesplitst hebben, daar heeft een dezer groepen geleid tot de vorming der *cetacea*, een andere tot de *ungulata* en de derde tot de *unguiculata* of genagelde zoogdieren (†).

Diegene van de *tweeslachtige* zoogdieren bijvoorbeeld, die aan hun kust-leven getrouw bleven, gingen twee richtingen uit in de wijze van voeding. Sommige, zich gewennende aan plantenkost, zooals de *zeekoeien* en *lamatijnen*, voerden later gaandeweg tot de hoefdieren, zooals *dikhuidigen*, *herkauwers*, etc. (†). De andere daarentegen, de *zeehonden* c.s., die de gewoonte aannamen zich slechts met visch en ander zeegedierte te voeden, leidden tot het ontstaan [221]van de unguiculaten, door middel van soorten, die al variëerende geheel tot een landleven overgingen. (†)

Aan den anderen kant hebben die zoogdieren, welke ten slotte het natte element nooit meer verlieten en slechts voor de ademhaling aan de oppervlakte kwamen waarschijnlijk het aanzijn gegeven aan de verschillende tegenwoordige *cetacea*. Het reeds uit een ver verleden dagteekenende, volslagen zeeleven der walvischachtigen heeft dan ook hun bewerktuiging dusdanig gewijzigd, dat de onderkenning van hun afkomst er thans zeer door bemoeilijkt is.— Inderdaad zijn in den loop van den onmetelijken tijd, dat deze dieren in den boezem der zeeën leven, de achterpooten, die nooit gebruikt werden, bijvoorbeeld om den prooi te grijpen, geheel en al verdwenen, evenals het gebeente daarvan en zelfs het tot steun en bevestiging dienende bekken. — Maar de invloed van omgeving en gewoonten openbaart zich bij hen ook in de voorpooten, die, geheel door huid omhuld als ze zijn, uitwendig geen vingers meer laten onderscheiden, zoodat ze beiderzijds zich nog slechts als een vin vertoonen, waarin het geraamte van de hand verborgen is.

Voorzeker bracht het plan van organisatie der walvischachtigen als zoogdieren mede, om vier ledematen te hebben met een bekken tot steun van de achterste daarvan. Voorzoover deze deelen nu hier ontbreken, is dit, gelijk ook elders, het gevolg van terugvorming door langdurig onbruik, als zijnde nutteloos geworden deelen. Gezien het feit, dat bij de *zeehonden* het bekken slechts zwak ontwikkeld is, n.l. nauw en zonder uitspringende heupen, zal men gevoelen, dat dit veroorzaakt moet zijn door het middelmatige gebruik der achterste ledematen en dat bij geheel ophouden daarvan die pooten zelf en het bekken wel zouden kunnen verdwijnen. [222]

De hier uiteengezette beschouwingen nu zullen ongetwijfeld slechts eenvoudige gissingen schijnen wegens de onmogelijkheid, ze met direkte, stellige bewijzen te schragen. Maar bij eenige aandacht voor de in dit werk meegedeelde waarnemingen en een deugdelijk onderzoek van de opgenoemde dieren en van het produkt van hun gewoonten en omgeving zal men bevinden, dat deze gissingen een groote mate van waarschijnlijkheid erlangen.

Het volgende overzicht moge het begrip van een en ander verduidelijken. Men zal eruit zien dat naar mijne meening de dierenladder begint met minstens twee afzonderlijke stammen en dat hier en daar gaande-weg eenige takken haar schijnen af te sluiten. [223]

1 "amphibie" (vert.)

Overzicht van de afstamming der verschillende dieren

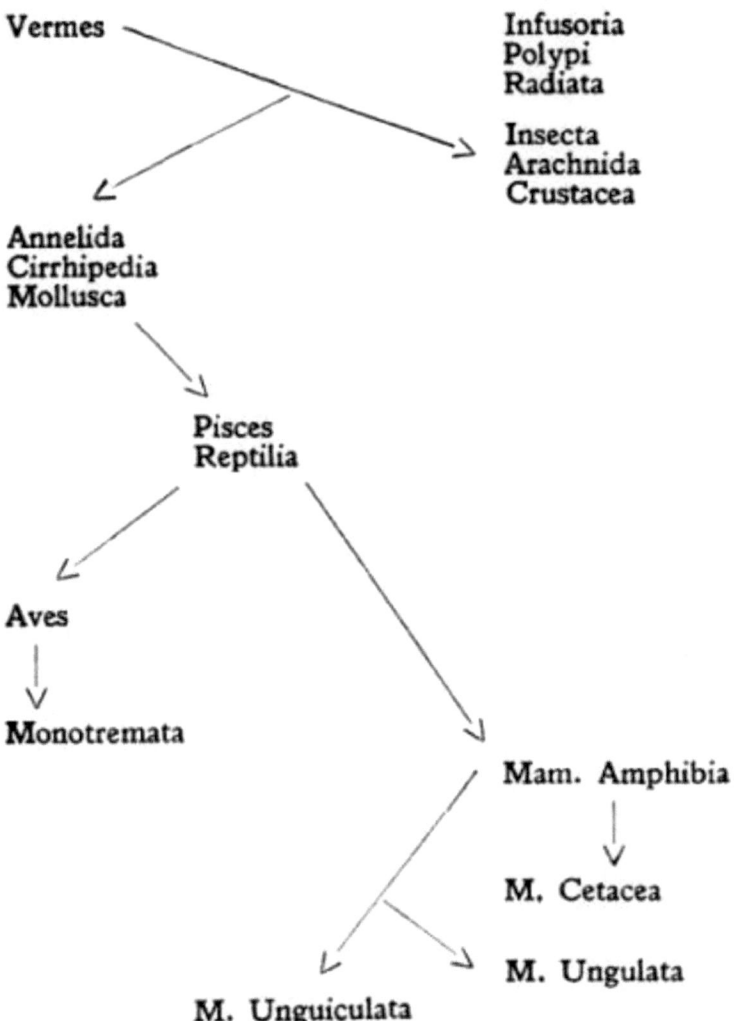

Van elk der beide stammen, waarmede deze dieren-reeks begint, ontleenen de allereerste, eenvoudigste vormen hun aanzijn aan oervoortbrenging of generatio spontanea. (†) [224]

Een belangrijke oorzaak verhindert ons, de achtereenvolgens teweeggebrachte wijzigingen te onderkennen, die de dieren tot hun tegenwoordigen staat gevoerd hebben, en wel deze, dat wij van die veranderingen nooit getuige zijn. Zoo aanschouwen wij dan de voldongen feiten maar zien het proces zich niet voltrekken en zijn daardoor van nature geneigd te gelooven, dat de dingen niet gaandeweg zoo gegroeid zijn maar altijd in hun tegenwoordigen vorm bestaan hebben.

Terwijl het Geheel der natuur en hare wetten zichzelf steeds gelijk blijven worden van de veranderingen, die de natuur onophoudelijk zonder uitzondering in allen deele volvoert, diegene gereedelijk door den mensch onderkend, wier duur dien van zijn eigen leven niet aanzienlijk overtreft. Maar die, welke een langen tijdsduur vereischen, gaan hem voorbij.

Teneinde mijne bedoelingen te verduidelijken veroorlove men mij de volgende veronderstelling: Indien het menschelijk leven niet langer duurde dan een *seconde*, dan zou een iegelijk onzer den uurwijzer van een gewone, loopende pendule nooit van plaats zien veranderen ofschoon in werkelijkheid die wijzer niet stationair zou zijn. De waarnemingen van dertig geslachten zouden niets zekers leeren omtrent de verplaatsing van dezen wijzer want de in een halven minuut afgelegde weg zou te gering zijn om goed te worden opgemerkt; en indien we uit veel oudere waarnemingen zouden opmaken, dat de wijzer werkelijk van plaats veranderd is, zouden we dat niet gelooven en eerder een of andere vergissing veronderstellen, daar ieder den wijzer steeds op dezelfde plek van de wijzerplaat heeft zien staan.

Aan mijn lezers laat ik het over, alle desbetreffende toepassingen te maken. [225]

De natuur, dat mateloos geheel van verschillende lichamen en wezens in allen deele waarvan een eeuwige cyclus heerscht van bewegingen en veranderingen, aan wetten onderworpen; dit geheel, alleen onveranderlijk zoolang het zijn verheven Schepper behaagt het in stand te houden, moet beschouwd worden als een veeléénheid met, als zoodanig, een alleen aan zijn Schepper bekend doel en niet bestaande om der wille van een der samenstellende deelen in het bijzonder. Daar elk deel noodwendig moet veranderen en al verkeerende zichzelf opheffen, zoo druischt zijn belang in tegen dat des geheels. Zoo het verstand heeft oordeelt het dat Geheel kwalijk gesteld te zijn. In werkelijkheid echter is het Geheel der dingen volmaakt en vervult volkomen het doel, waarvoor het bestemd was.

[227]

Korte Inhoud van het Eerste Deel

pag.

Voorwoord van Professor SluiterV

Voorwoord van den VertalerIX

VoorredeIX

Motieven van het werk en algemeene gezichtspunten over de erin behandelde onderwerpen.

InleidingXXIII

Eenige algemeene beschouwingen over het belang van de studie der dieren, in het bijzonder van hun organisatie, vooral van de lagere.

Eerste Deel

Beschouwingen over de natuurlijke historie der dieren, hun eigenaardigheden, verhoudingen, organisatie, rangschikking en indeeling in soorten.

Hoofdstuk I

De kunstmatige hulpmiddelen der Natuurwetenschappen 3

Hoe de systematische rangschikking, klassen, orden, families, geslachten en de nomenclatuur slechts kunstmiddelen zijn.

Hoofdstuk II

Belang van een beschouwing over de natuurlijke overeenkomsten 15

Hoe de kennis van de natuurlijke overeenkomsten tusschen de verschillende natuurvoortbrengselen de grondslag is van de natuurwetenschappen en van de algemeene rangschikking der dieren.

Hoofdstuk III

Over de soort bij de levende wezens en het begrip daaraan te hechten 23

Hoe het niet waar is, dat de SOORTEN even oud zouden zijn als de natuur zelve en onderling even oud; [228]maar dat zij zich achtereenvolgens gevormd hebben en slechts een betrekkelijke standvastigheid, een tijdelijke onveranderlijkheid vertoonen.

Hoofdstuk IV

Algemeene opmerkingen over de dieren 41

De handelingen der dieren voltrekken zich slechts door opgewekte, niet door meegedeelde bewegingen. Slechts de PRIKKELBAARHEID is een algemeene en uitsluitende eigenschap, de bron hunner handelingen, en het is niet waar, dat alle dieren gevoel zouden hebben, of wilshandelingen uitvoeren.

Hoofdstuk V

Over de huidige indeeling en ordening der dieren 54

Dat de algemeene indeeling der dieren, tenminste in haar hoofdgroepen, een reeks vormt, overeenkomstig de toenemende sámenstelling van organisatie, dat de kennis van de betrekkingen tusschen de verschillende dieren de eenige gids is, die ons leiden kan bij het opstellen van die indeeling, zoodat zijn gebruik de willekeur doet verdwijnen; dat tenslotte, daar het aantal scheidslijnen, (die in die indeeling tot het vormen der klassen getrokken moesten worden) aangegroeid is naarmate men de verschillende orgaanstelsels leerde kennen, er thans veertien klassen worden onderscheiden, zeer bevorderlijk voor de zoölogische studiën.

Hoofdstuk VI

Trapsgewijze afklimming en vereenvoudiging der organisatie van het eene einde van de Keten der dieren tot het andere 71

Dat bij het afdalen van de keten der dieren in de gewone volgorde vanaf de meer naar de minder volkomene men een toenemende afklimming en vereenvoudiging van organisatie waarneemt; dat bijgevolg bij het doorloopen van de dierenscala in òmgekeerde, d.w.z. natuurlijke volgorde een toenemend samengestelder worden van de organisatie zal opgemerkt worden, die overal regelmatig zou voortschrijden indien de omstandigheden van de woonplaatsen, levenswijze enz. er niet verschillende afwijkingen van hadden veroorzaakt. [229]

Hoofdstuk VII

Van den invloed der omstandigheden op handelingen en gewoonten der dieren en van deze als oorzaken, die hun samenstelling en deelen wijzigen 124

Hoe de veelsoortigheid der omstandigheden van invloed is op organisatie, algemeenen vorm en deelen der dieren; hoe verandering in de verblijfplaatsen en levenswijze wijziging in de handelingen der dieren teweegbrengt en deze laatste, tot gewoonte geworden zijnde, herhaaldelijker gebruik vereischt van bepaalde lichaamsdeelen, hetgeen ze verhoudingsgewijze ontwikkelt en vergroot, een ander deel daarentegen juist weer buiten gebruik zal stellen, het geen de ontwikkeling tegenhoudt, het doet vermageren om ten slotte te verdwijnen.

Hoofdstuk VIII

Over de natuurlijke Orde der Dieren en hoe hun indeeling daarmede te doen overeenstemmen 153

Dat een waarlijk natuurlijke rangschikking der dieren in een reeks moet beginnen met de meest onvolkomene en eenvoudigste om met de hoogst-ontwikkelde te eindigen; want hun voortbrengster, de natuur, heeft hen niet alle tegelijk in het leven kunnen roepen. Dus bij hun achtereenvolgens tot aanzijn brengen heeft zij noodwendig moeten beginnen met de eenvoudigste en is aan de meest samengesteld-bewerktuigde pas in de laatste plaats kunnen toekomen. Dat de hier voorgestelde indeeling klaarblijkelijk het dichtst nadert tot de natuurlijke Orde zelve; zoodat indien er al correcties in noodig zijn, dit dan toch slechts de onderdeelen kan betreffen; gelijk ik dan inderdaad geloof, dat de naakte polypen (p. 168) de derde orde van hun klasse zullen moeten vormen en de drijvende polypen de vierde.

Toevoegingen aan Hoofdstuk VII en VIII 215

Verbeteringen

De volgende verbeteringen zijn aangebracht in de tekst:

Bron	Verbetering
[Niet in bron]	)
[Niet in bron]	.
philosophie	Philosophie
zooloog	zoöloog
psysische	physische
maar	naar
,	.
zijn	is
ontwikkelng	ontwikkeling
[Niet in bron]	.
,	.
tendez	tendens
[Niet in bron]	)
inplaats	in plaats
détails	details
interessert	interesseert
systeen	systeem
Laar	Laat
[Niet in bron]	door
[Niet in bron]	,
naatuurlijk	natuurlijk
stdie	studie
determeneering	determineering
,	.
dat	dan
[Niet in bron]	.
onderling	onderlinge

..	.
[Niet in bron]	.
ik	in
[Niet in bron]	,
[Niet in bron]	,
..	.
overheerd	overheerst
te	[Verwijderd]
I.e.w.	i.e.w.
aan-passen	aanpassen
daar	door
[Niet in bron]	)
de	der
min	minder
richtige	juiste
nabuurwetenschappen	natuurwetenschappen
[Niet in bron]	.
insecetn	insecten
crustaeca	crustacea
geplubliceerd	gepubliceerd
af-deelingen	afdeelingen
daaarom	daarom
overeenstemmnig	overeenstemming
ontwilkkeling	ontwikkeling
scelet	skelet
[Niet in bron]	(
willekeuriig	willekeurig
de	der
afgemeene	algemeene
korstpoliep	korstpolyp
;	.

IV	VI
hernen	hersenen
,	.
[*Niet in bron*]	)
tot	toe
Vlinde	Vlinder).
[*Niet in bron*]	.
Ewten kever	Erwtenkever
Gaarnaal	Garnaal
[*Niet in bron*]	.
[*Niet in bron*]	.
[*Niet in bron*]	.
[*Niet in bron*]	.
[*Niet in bron*]	.
[*Niet in bron*]	.
[*Niet in bron*]	.
[*Niet in bron*]	.
[*Niet in bron*]	.
[*Niet in bron*]	.
..	.
[*Niet in bron*]	.
[*Niet in bron*]	.
[*Niet in bron*]	.
[*Niet in bron*]	).
[*Niet in bron*]	.
[*Niet in bron*]	.
[*Niet in bron*]	.
[*Niet in bron*]	.
[*Niet in bron*]	.
[*Niet in bron*]	)
[*Niet in bron*]	.

,	[*Verwijderd*]
[*Niet in bron*]	)
[*Niet in bron*]	.
[*Niet in bron*]	.
[*Niet in bron*]	.
[*Niet in bron*]	.
[*Niet in bron*]	.
[*Niet in bron*]	.
Oojevaar	Ooievaar
[*Niet in bron*]	.
[*Niet in bron*]	.
:	;
Neuskoorn	Neushoorn
[*Niet in bron*]	,
letteden	letten
[*Niet in bron*]	.
bemoeilijk	bemoeilijkt